U0066120

獲利新時代

利時代

打造
引領潮流的
產業創新思路

王福闓 ◆ 著

推薦序 1

悠遊虛實，
滿足夢幻需求！

桃園市中小企業榮譽指導員協進會
會長

陳苑欽

隨著疫情的風雲變幻，居家零售產業迎來了前所未有的挑戰與機遇。在這個關鍵時刻，《獲利新時代》這本書，如一道晨曦，照亮了行銷專家和企業家們的前路。作者王福闓，以其深厚的行業洞察和豐富的實戰經驗，帶領讀者深入探討疫情對居家零售產業的影響，並提出具前瞻性的轉型策略。

　　本書不僅深入分析了疫情期間消費者行為的巨大轉變，更精準捕捉到居家零售業者面臨的挑戰與機會。從生活雜貨到大型家具，從廚房設備到戶外用品，王福闓一一細緻剖析，揭示了產業轉型的多重面向。他指出，消費者對於居家產品的需求正從單純的實用性轉向融合美感與個性化的設計，這一變化為零售業者帶來了新的思考與行動方向。

　　本書不僅闡述了居家零售業的產品和服務創新，更深入探討了如何藉由行銷手法和服務模式的創新，來滿足當代消費者的需求。從一站式整體服務到利用 AR ／ VR 技術提升購物體驗，他的見解為行銷實踐提供了新的方向，也為居家零售業的未來描繪了一幅光明的圖景。

　　作為一名長期關注行銷領域發展的學者，我深信《獲利新時代》這本書將成為業界的經典之作。

　　作者不僅以深邃的見解解讀了居家零售業的轉型之路，更為我們提供了一個關於創新與適應的思考模式。無論是業內專業人士，還是對此領域感興趣的讀者，都將從中獲益匪淺。

　　在這個快速變化的時代，讓我們一同翻開這本書，探索居家零售產業的無限可能。

推薦序 2

深入淺出
話行銷

中視新聞台　文字記者

王彥婷

提到福闓教授的名號，總是和行銷專業脫不了關係，不過其實在我數次的採訪當中，最驚豔的是有一回，台內希望借用福闓教授在出版社任職的經驗，討論「紙本時代與現代的差異」議題，教授當時不但條理清晰地給予解答，更加碼引導話題，延伸討論「漫畫產業的衰弱」，引起不少觀眾迴響！

福闓教授的分析，帶給觀眾一波「回憶殺」，成功帶起話題，甚至讓我也有興趣對紙本漫畫產業更留意了幾分，思考著未來也許還能發展專題報導，現在仔細回想起來，或許自己無意間也成為了行銷的一個環節！

在我們的生活之中，許多大小事都離不開行銷話題，不過更因為行銷思維從小到大、環環相扣，若是缺乏適當的了解，就怕會適得其反，而福闓教授的文章，每回總能提供讀者由淺入深、邏輯清晰的分析，不管是行銷新手還是品牌老手，都能輕易讀懂，並從中汲取知識，更讓行銷不再只是像個遠在天邊的抽象詞彙。

而這本 2024 年的新書《獲利新時代》，從不同的產業切入剖析行銷，讓人驚訝的是，不少大眾從沒想過的產業，像是書店及文化、居家生活、甚至是傳統市場，也都囊括在《獲利新時代》一書當中，也讓人更加期待能讀懂這本書，掌握市場商機！

行銷界的
謙謙君子

年代新聞　專題記者

林立庭

「有匪君子，如切如磋，如琢如磨。」若以先秦詩人形容作者妥貼。

王教授在行銷專業是天花板級別的人物，每當新聞上有行銷相關問題，第一時間我都會立刻聯繫王教授請教，即使再困難的題目，教授都可以用淺顯易懂的方式為觀眾解說。

每次我與教授訪談，心裡總想：「聽君一席話，勝讀十年書。」當現今環境，人生多數的不幸似乎都跟錢有著密不可分的關係時，何以總有人能透過優越的行銷手法，創業走出一片天？這回王教授嘔心瀝血分享的新書《獲利新時代》付梓，正如其書名，將教導大家在新時代獲利的行銷策略，展現「吸金」魅力，本人全力推薦！

產業新聞仰賴的
專家導師

電視台　財經記者兼主播

傅儀文

「走出市場谷底，等待景氣回溫，找尋商機」成為各大企業2024 年的首要任務，也因此行銷、促銷就成為一個很重要的法寶，但各行各業趨勢在哪裡？錢潮又在哪裡？我在此誠心推薦福闓老師的這本書！

　　身在一個新聞從業人員，尤其是在電視台，我們總是得跟時間賽跑；但考量新聞播出的質量，在製作產業新聞的同時，我們總希望能有一位了解產業趨勢、能提供不落俗套又有合理觀點的「專家」能給予協助，我相信很多同業朋友手中的口袋名單就是福闓老師！不管是餐飲、物流等等有關行銷傳播的相關趨勢，老師都能在短時間內跟我們侃侃而談，甚至補充我們很多科普新知，除了將我們聽到的、學到的知識傳遞給觀眾朋友，這也是我在採訪過程中最大的收穫。

　　我很喜歡老師把「趨勢」轉換成與我們生活相關的飲食 ——《食與慾》；把「品牌經營」比喻為愛情——《愛與戀》，我也期待這本以獲利時代為主題的新書，將帶給我跟讀者朋友們什麼樣的驚喜。

疫後時代的
行銷聖經

成真咖啡　品牌行銷部協理

蔡靜佩 Beta

王老師要出新書了！一直服務於餐飲、零售、服務業態……等的大家有福了！不論身處哪種產業，單一模式的經營型態，已無法滿足現今消費者的期待，除了要 CP 值高，還要有消費親身體驗，要有吸睛的產品及行銷，也要有趣味的互動方式，當這些都做到了，最終產品品質及服務仍要在水準之上，才能在現有的市場競爭中生存！

　　我相信這本書定能以平衡且理性的方式來分享，能公正不偏頗的從業者、媒體、學界等不同角度來看待不同業態的獲利新時代，以王老師多年產學業界累積的經驗，提供給消費者、業者新的獲利思維，能心領神會並走在產業前端，做出更適合的決策與經營判斷，我相信這本書正是市場上最需要的！

　　相當榮幸能推薦本書，做為一個推薦者，必定得拜讀老師的一系列經典創作，《食與慾》、《愛與戀》、《元行銷》、《節慶行銷力：最具未來性的品牌營收加值策略》、《獲利的金鑰：品牌再造與創新》，更加期待 2024 年的這本《獲利新時代》，能為各品牌在疫情期間的修煉練就一番生存的功夫，如何站穩腳跟再衝刺，我想這是一本絕佳的輔佐聖經，請各位讀者期待吧！

推薦序 6

新時代的
獲利處方

連鎖集團　品牌公關經理

林庭薇 Vina

非常榮幸受福闓老師的邀請，為新書《獲利新時代》寫序。

老師輔導過很多企業與品牌，擁有許多實戰經驗，不分行業、不分類別，造就他有很多獨特的觀點。這本書利用深入淺出的用字遣詞，將生硬的專有名詞表達地生動活潑、平易近人，還能舉出相關案例，說服讀者並深度剖析。

在日新月異、求新求變的時代變遷下，如何出奇制勝、闖出名號，同時還能變現獲利，甚至改革創新，看完這本書必定受益良多！

洞悉不同行業的
行銷成功秘訣

灌溉設計股份有限公司　負責人

台灣設計品牌 RITE　創辦人

楊朗佑

尊敬的讀者：

　　作為一名文創品牌的創辦人，我深切體會到深入理解市場與不斷創新的重要性。《獲利的金鑰：品牌再造與創新》是一本過去對我影響深遠的書籍，它教會了我如何在多變的商業世界中持續創造價值。

　　今天，我想與您分享王福闓老師的最新力作——《獲利新時代》。這本書探討了當前多個行業的商業模式，並提供了實戰中的策略和見解。基於王老師過去著作的深度與洞察，我十分期待這本書將如何深化我對於行業趨勢的理解，並指引我在百貨和購物中心更精準地定位我們的品牌。

　　在帶領品牌進駐各大商業平台的過程中，我們不僅要有創意，還要有轉化創意為商業成功的策略。《獲利新時代》不僅為我們提供了這些策略，還為我們打開了一扇窗，讓我們得以洞悉不同行業的成功秘訣。

　　我相信，這本書對於所有渴望在瞬息萬變的商業環境中穩固自己腳步的創業者和品牌經營者都會有所助益。我熱烈推薦《獲利新時代》，期待它成為您商業旅途中的新動力。

誠摯地

灌溉設計股份有限公司　負責人

台灣設計品牌 RITE　創辦人

楊朗佑

找到疫後新時代
的新機會
與突破口

典加華國際有限公司

ahua 阿華有事嗎？ 總經理

謝光典

　　從《愛與戀》到《食與慾》，很榮幸有機會拜讀王老師的兩本暢銷著作。

　　藉由觀察日常生活中最常見、最根本的事物，搭配時事或過往經典案例來探討行銷與品牌經營，深入淺出地淬鍊並歸納出重點，讓讀者在閱讀時能夠更容易聯想到自身相對應的情境！

　　每次與王老師見面，總能從談話中感受到老師對於品牌行銷豐富的經驗，以及對市場敏銳的觀察。老師的新書《獲利新時代》，從各種不同產業切入探討，在這個疫情後各種成本水漲船高的時代，如何在自己的行業內找到有效的獲利模式，將是品牌成敗的關鍵。

　　相信這本融入了老師平時對於各行各業細微觀察的《獲利新時代》一書，定能提供給讀者耳目一新的內容與知識！

學品牌與做品牌
的必讀好作

這一鍋餐飲股份有限公司

事業處經理

　　　　　林智偉

想起第一次跟老師結緣，是在一次主題為品牌再造的講座，聽到老師精闢的說明與講解，當下隨即有想要更深入瞭解學習關於品牌事物的念頭，在這樣的因緣際會之下，也邀請到老師來我們公司授課，真的備感幸運，也讓團隊受益良多。

　　老師本人除了外型讓大家印象深刻之外，他書中的內容更是充滿了記憶點並使人刷新思維，讓理論與實務可以相互結合，這點相信曾研讀過老師前幾本著作的讀者一定十分有感。

　　非常開心老師持續筆勤不輟，新書快速付梓，使我們又有藉此增進品牌力的機會，讓我們一起沉浸在老師的妙筆內容之中，透過眾多的案例與說明，解析品牌過去、現在、未來的發展與對應方式，期待我們在《獲利新時代》這本書裡面得到滿滿的收穫。

開啟全方位的
商業啟示之旅

青初裁　創辦人

王文杉

對於希望在競爭激烈的市場中脫穎而出的業界專業人士和企業家來說，這絕對是一本不可錯過的寶典，帶領著你前行的指南！

　　在細細閱讀後，著實的感受到了新的商業契機，並獲得了許多新的思考方向。

　　在這本書中，王福闓作者以敏銳的洞察力和豐富的行業經驗，深入探討了當前商業環境中的新趨勢和機會，為我們揭示了在不斷變動的市場中如何突破既有產業框架，創造新的獲利機會。

　　印象最深刻的兩個部分，一個是書中談到了外貌的重要性，文字中細緻地探討了外貌對品牌和行業的影響，提供了在這個視覺導向的時代如何建立品牌形象的實用教程。引導品牌建立有吸引力的形象，使消費者對其產品保持高度興趣。

　　另一個則是線上購物和實體店面的平衡，同時也是書中探討的一個主要重點。作者強調了在數位化浪潮的社會中，實體仍然有著不可忽視的價值，必須運用多元化的經營模式，來拓展品牌在市場上的份額。

　　《新獲利時代》將帶給你一場全方位的商業啟示之旅，提醒著我們在這個時代要如何找到新的商機，並提供了可實踐的行銷智慧。這本書是一個全面的行銷攻略，為企業提供了面對未來挑戰的智慧和靈感，值得你細讀與收藏。

· Preface ·

作 者 序

作者序

要獲利，
先找到
產業突破點！

品牌再造學院　院長

王福闓

每當我看到一些自己曾經在工作上經歷過，或個人偏好的產業近年發展得越來越好時，就會想到自己是否也曾為此貢獻出一份心力，而感到與有榮焉；但同樣地，當這些產業面臨轉型與挑戰時，我同樣會思考，自己又能否提早看出端倪，並為此伸出援手。

本書我從「外貌很重要」的章節進行產業切入，分析了服飾、時尚服飾與珠寶及奢侈品；「保持好魅力」的篇幅則是著重在美妝及藥妝品的需求和銀髮熟齡的眼鏡視光商機。「文化新主流」是我個人喜歡的玩具與書店產業，「好好過生活」則是持續成長和轉型的居家生活產業及寵物產業，至於「快樂出去玩」則是從飯店旅宿、在地特色和原民料理的商機議題進行探討。

此外，市場的通路變化也越來越劇烈，因此我分析了「線上買不停」的電商大戰與外送服務，以及「實體是王道」的超市與量販店、百貨公司與購物中心。也希望藉由分析過去的事件及探討未來的可能性，為讀者找到一些不同的觀點與啟發。

最後，感謝我的父母親、妻子及兄弟、出版社的保母，還有本書的推薦人們，一起為這本書的誕生所給予的幫助。

耶和華用繩量給我的地界，坐落在佳美之處；我的產業
實在美好。

—— 詩篇 16 篇第 6 節

王福閻 2024.04

25

作者：王福闓

- 台灣行銷傳播專業認證協會——理事長
- 中華品牌再造協會——榮譽理事長
- 中華整合行銷傳播協會——榮譽理事長
- 凱義品牌整合行銷管理顧問公司——負責人＆總顧問
- 品牌再造學院——院長
- 新世紀形象學——院長
- 闓老編的懷舊小屋——主理人
- 政院勞動部、農業部、經濟部、台北市政府、新北市政府、台南市政府、台中市政府、高雄市政府——訓練講師／專案顧問、專案評鑑委員
- 中小企業服務優化與特色加值計畫、連鎖加盟及餐飲鏈結發展計畫、微型及個人事業支援與輔導計畫、創業輔導計畫——輔導顧問
- 台視、中視、華視、民視、公視、TVBS 電視、八大電視、三立電視、鏡電視、年代／壹電視新聞、非凡電視、東森／東森財經電視、寰宇電視、新唐人電視、GQ 雜誌、食力 foodNEXT、天下雜誌數位版、遠見雜誌、專案經理雜誌、商業週刊、myMKC 管理知識中心、聯合報、工商時報——受訪專家／專題作者
- 中國文化大學——技專助理教授
- 佳音電台「闓闓而談」廣播節目、漢聲電台「闓老編的產業小屋」廣播節目——主持人

C O N T E N T S

01

突破既有的產業框架

34

08 實體是王道

附錄 案例分享

01 突破既有的產業框架

面對大環境市場快速的變化，唯有回歸原點審視自身，是否滿足了現今消費者真正的需求，因應做出調整，才能立於不敗之地。

突破既有的
產業框架

危 機 的 發 生

　　許多產業因為大環境的改變造成了極大的衝擊，有的產業順勢成長，直到現在都仍然高歌猛進；有的卻是在曇花一現後回歸平淡，甚至持續衰退。台灣民眾的消費更是在近年來呈現明顯的兩極化，有經濟實力的消費者對奢侈品、珠寶或是高級餐飲的需求依然供不應求，排隊等待的現象經常在媒體新聞上演；但在此同時，平價服飾、居家用品等大眾商機，也迎來了明顯的市場成長。

　　對品牌來說，危機的產生有時是源自於整體環境的改變，以及消費者習慣的演進而逐漸造成。以零售產業來說，銷售管道從最早期的消費合作社、百貨公司、郵購，到超級市場、便利店，甚至直到今日的數位購物網站、購物 APP，以及可預見的智慧無人店。問題並非是品牌自身必定有什麼重大缺失，而是在於未能跟上時代以及缺乏面對潮流變遷的因應措施，導致了品牌的危機。

世 代 的 改 變

　　不同世代的消費者在使用習慣、生活風格、自我需求上存在著巨大差異，然而有些品牌，儘管曾經在產業中表現不俗，但卻在疫情後的新時代陷入了困境。以往有部分本土企業，只關注自家產品如何，卻沒有真正去了解消費者想要什麼，只在乎商品售出後自身的獲利，卻忘了同時去關心正在產生變化的消費者需求。一旦品牌能真正關注到消費者未被滿足的需求，使其從消費過程中獲得更愉悅的體驗，同時創造出當前競爭者所無法滿足的獨特品牌優勢，就能贏得消費者的青睞。

　　隨著 Z 世代成為消費生力軍，消費實力逐漸增強，這些 90 年代後半出生的年輕人更加注重自我表現和品牌偏好，支持以生活風格為導向的消費產業，更多人願意花錢收集公仔，化妝與保養也歸為日常的必要開銷，透過旅遊放鬆心情，較以往更偏好取悅自己的消費生活體驗。在此同時，銀髮經濟、單身經濟與寵物經濟的崛起，更是影響了實體與線上的零售產業，也讓不同品牌有了更多差異化發展的機會與挑戰。

　　面對數位時代，關於居家產業的需求雖然商機一直都在，但在國際品牌進入市場之際，也對現有的業者帶來壓力，電商與外送產業儘管曾受惠於疫情，也同樣在尋找後疫情時代能持續發展的新方向。在產業發展邁入全新階段的競爭環境中，品牌更需要回歸原點，重新審視自身，從使用者需求出發，重新評估現有的營運模式，爭取未來成長發展的空間。

轉 型 勢 在 必 行

　　在經營品牌的過程中，碰到危機或策略失誤是很難避免的事，但若能防範未然的預先擬定應變方案，不但能在危機當下將傷害降到最低，甚至能避免錯誤重蹈覆轍。當然，企業當極力避免品牌發生危機，也因此事前的風險管理因應準備更顯重要。台灣人民的人口老化趨勢早已不是新聞，中高齡就業和創業的比例也逐步成長，面對總體經濟成長趨緩，所有企業品牌都必須得面對大環境變遷下的世代競爭問題，以及 ESG 與創新經營的新挑戰。

　　新創品牌不斷更迭，產業型態也持續在改變，新世代消費者的需求也越來越多元，很多企業都遇到了品牌老化、不再具有足夠吸

引力的問題；同時，也有許多年輕的競爭品牌在市場上嶄露頭角，吸引消費者目光，爭取消費者支持選購。就像本土服飾品牌與傳統的眼鏡行，在面臨快時尚與國際精品的挑戰下，更需找到自己的生存之道。

然而，我們仍然可以看到，不少品牌為了爭取消費者支持舉辦了行銷活動，卻沒有花時間好好的去設計活動細節，賣場連值得拍照打卡的實體展示區域都沒有，吝於釋出甜頭，不願投入更多資源宣傳，這樣的活動是徒勞無功的。

在新零售時代，通路業者集團化和資源再洗牌已成為關鍵，企業品牌內部必須面對市場的變化和競爭，實體通路更應該透過重新設計場景及改善服務體驗，提升滿足消費者的需求，才能帶來更好的企業利潤。不論是超市、量販店，或是百貨公司、購物中心，市場上的本土品牌並非全都走在「成長發展」的道路上，對於部分品牌來說，現在正是需要調整營運策略的關鍵時刻！唯有因應市場適度修正營運模式，才能適應市場環境和消費者需求的不斷變化。

02 外貌
很重要

　　俗話說：「人要衣裝，佛要金裝。」不論是普羅消費大眾或是金字塔頂端的消費族群，擁有舒適宜人的外在打扮，除了自己賞心悅目，更能為自己的人際互動加分，帶來良好印象。

　　針對不同的客層細心規劃、與之對話，顧及不同消費者的喜好吸引關注，除了行銷宣傳，更要在企業本質與社會責任上得到消費者認同。品牌也需要不斷進步，才能獲得消費者的忠誠支持！

2.1

服飾
產業

服飾產業的轉型機會

自 2011 年開始，西班牙品牌 ZARA、日本品牌 UNIQLO 等全球跨國快時尚流行品牌進入台灣市場，從獨立門店到百貨公司、大型購物中心等方式進駐各大商圈，提供良好的商品及標準化的服務，讓消費者不但能輕鬆擁有適合自己風格的衣服及飾品，也相對能更加符合顧客快節奏的消費方式。雖然在品牌的知名度和市場佔有率上，在台灣的服飾零售業還是以國際品牌較為吃香，不過近年來，本土服飾品牌也在持續進步中。

部分本土服飾品牌，已逐漸擺脫過去低價、模仿的負面印象，但仍須面對貨源取得限制、營運成本考量等因素，往往品牌與消費者在溝通方面的投入相對保守，導致品牌未能走出自己的一條路，甚至因此陷入低價促銷和高庫存的困境。而在服飾產業的銷售的模式上，透過電商助力，不少本土品牌開始擁有了穩定的營業額，甚至出現像米斯特這樣的服飾大廠，不但擁有自家電商，還擁有品牌服飾專營商店，更規劃掛牌上櫃，是台股第一家全通路服飾品牌。

一般消費服飾品牌，基本上若沒有特殊的機能製程，一件衣服的製造成本，原則上是末端定價的 10%；就算是戶外機能服飾，可能因面料需特殊採購生產，成本會稍高一些，但也多半不會超過 20%。曾有國外媒體調查報導快時尚品牌的服裝成本，其中像是 T 恤，甚至能夠在採購時將成本壓低到售價的 5%。

國際服飾品牌在產品研發初期確實投入了不少成本，機能品牌中最有名，規模也最大的則是「Gore-TEX®」這個品牌。事實上，這是一種防水、防風、卻又具備高度透氣性的薄膜，不但擁有自己的服飾品牌能塑造知名度，同時也做為供應商，為許多國際品牌提

供具備專利的原物料，以自身品牌的機能訴求為保障；國內的機能品牌像是的歐都納所採取的也是這樣的策略。

　　服飾零售產業其中包含了服裝、配件、織品等等，消費者對服飾的要求跟期望，會隨著生活品味的提升與社會價值改變，不但要求商品品質、服務流程、定價策略與促銷方案、品牌的知名度與形象，或針對不同的穿著需求與目的，透氣且防風、防水又排汗、保暖同時輕盈，以及其他種種需求；甚至是企業的 ESG 等相關議題，都是影響消費者是否買單的可能因素。當時序進入季節變換之際，不少服飾品牌均開始積極衝刺，不論是流行時尚品牌或精品服飾，也會在消費者需出席婚宴或公司活動等社交需求的考量下，期望能帶動業績持續成長。

　　服飾相關產業中還有一個領域，則是代工貼牌的業者。在全球化產業發展更為極端的情況下，服飾品牌對於代工廠的要求免不了降低成本與創新能力。但是當企業在制度管理及思維模式上，如果連經營者自己都不夠瞭解末端消費者真正的需求時，不論是公司的行銷部門還是研發單位，若只是為了爭取訂單，卻忽視合作代工的業者是否有下單意願，或服飾品牌市場的發展趨勢與市場期待，最終將導致更具競爭力的代工廠崛起，從而引發經營上的危機。

消費需求的改變

　　市面上消費者服飾品牌的選擇相當多元，但更多時候消費是肇因於功能及單品需求。天氣冷時來件羽絨衣可能是不錯的選擇！但當產品售價從數千元一直到上萬元之間，若消費者沒有品牌偏好，我們通常會從產品所標示的羽絨和羽毛成分比例來決定，羽絨比例

越高的品質越好，價格也可能較貴，但至少各家品牌的羽絨衣基本的保暖功能都接近一致。這時，當精打細算的消費者變多時，平價品牌服飾就容易受惠，講究品牌忠誠度及設計獨特的人，則願意付出較高的代價來選購。

當消費者在網路上透過搜尋比價，或是在國際知名品牌門市就能直接找到自己偏好、價格又能接受的商品時，本土服飾品牌若想生存，就必須思考——如何建立更好的服務品質與品牌特色！畢竟消費者有太多的選擇機會，若是沒有能力吸引消費者上門，那便只能慢慢被時代所淘汰了。

隨著運動意識提升，我們較以往更為重視健康，根據經濟部統計國內體育用品產值，2020 年上升至 598 億元，像是全球第二大運動用品量販店——迪卡儂（Decathlon），以及親民價格且訴求高 CP 值的特定品類衝鋒衣都明顯異軍突起！即便大家並不一定真的一天到晚穿著它去運動，但相較於更早推出、較為笨重的羽絨衣，似乎又多了些時尚感。

消費者的需求隨著流行趨勢和自我風格的不斷改變，服飾業者除了考慮季節的影響外，還得考量整體消費水平和審美觀的改變，以及電商的價格戰和促銷衝擊。現有的流行趨勢中，健康和運動的議題更受到消費者重視，在持續蓬勃發展的機會中，不少台灣本土服飾業者趁此積極尋找轉型再造的機會。從「元行銷」的角度來思考，消費者為了能更舒適的運動，看起來更美觀有型，願意花費更多預算在相關服飾配件上，包含運動服、車衣及運動鞋等必要的消耗品，都一定程度提升了市場的發展機會。

大受歡迎的休閒露營等戶外活動，也帶動了像是機能性禦寒服飾、單件多用途的外套，或是保暖發熱衣的商機，這也造就了許多

自身就是專業消費者所創立的品牌，而受到其他消費者的喜愛。台灣消費者的服飾購買習慣，相當受品牌知名度與媒體形象影響，像是電視廣告、新聞報導或是口碑推薦，都能產生一定的效果；因此不論是平價日系服飾、快時尚歐系品牌，或是運動為主的美系品牌，都投入了相當多的媒體資源，同時在門市店面或電商上積極布局，就是為了讓消費者能在購買時，更容易產生品牌指定的機會。

品牌轉型之路

也因此可以看到近來崛起的本土品牌，也是透過廣告曝光、代言人及網紅等方式，讓消費者產生記憶；也有老字號的本土服飾品牌 NET，經由深入各鄉鎮與城市的開店策略，並運用公益活動來維持消費者關注。當品牌知名度不足，也沒有資源時，首次購買的顧客關係管理就成了關鍵機會！然而消費者之所以願意上門，常常卻只是因為剛好逛街路過，即便首次購買也不代表消費者就此記住了品牌名稱，就算下次經過也不一定會再上門。

以男性西裝來說，大多數消費都是目的性購買，例如出席正式場合；若是預算充足、重視品味的消費者，更注重質感、款式與獨特性。因此，能客製化量身訂做的本土品牌更容易滿足消費者需求。若能同時與其他配件商品搭配組合，則更能增加產品的銷售機會，像是皮鞋及領帶等配件都常見的選項，或是與特殊風格的手作飾品業者以結盟合作的方式，來滿足消費者一站式購買的需求，也讓消費者省去一些選擇比較的時間。

因此，品牌應透過社群或自媒體的持續曝光，更即時的提供消費者需要的訊息，並佐以及節慶促銷活動的規劃，持續與消費者溝

通，進而累積品牌與消費者之間的聯繫。當消費者願意主動推薦，甚至向第三人分享品牌資訊時，才能算是品牌溝通達到成效。當消費者習慣上網購物時，本土服飾品牌業者也必須思考，如何利用線上銷售及曝光機會，同時得考量價格上的競爭力。

　　畢竟當服飾品牌開始在線上銷售時，消費者透過搜尋就能更容易找到類似的款式，除非是自己設計的產品，不然將更容易被類似的低價品牌給取代。同時，服飾產業的商圈組織角色也較以往更為重要，有創意的議題規劃與節慶活動，能幫助在地業者從線上到線下同步吸引消費者注意，並透過造節與商圈品牌塑造，使消費者逐步改善對品牌的刻板印象，才能讓整個區域的服飾產業一起向上提升。

整 合 行 銷 傳 播 的 應 用

　　整合行銷傳播的概念，就是運用龐大的運算和有系統的策略，達到「無所不在的曝光」。在《整合行銷傳播策略與企劃》一書中，我曾提出過整合行銷傳播必須經由整合才能發揮效果，從品牌的核心價值與需求選擇傳播工具，且依據各傳播工具的特色來運用發揮。我分享過去經驗，當操作的預算充足時，一檔縝密的整合行銷傳播專案，三個月內燒掉 1000 萬也是稀鬆平常。

　　而其中的服飾產品更是因其對多數人來說，儘管認識品牌的媒體管道有所改變，然而不變的依然是——只要品牌擁有者願意投入充分的行銷預算，就能使消費者有足夠的機會持續被提醒品牌的存在。像是 The North Face 成功讓戶外服飾時尚化，與潮流品牌 Supreme 開發聯名款，塑造自己成為時尚戶外休閒品牌的定位，

迪卡儂則是切入平價運動及戶外活動服飾的市場缺口，透過滿足消費者的潛在需求，將品牌精神與探索體驗結合，更讓消費者容易負擔、買得起。

　　成功的國際品牌可以成為造夢的對象，而在同類型產品中，包含 The North Face、極度乾燥，甚至是其他國外品牌，都有名人代言的光環加持。但是對不少尋求機能性與時尚感兼具的同時，連 CP 值都期望能獲得滿足的消費客群而言，這正是平價本土品牌填補市場缺口的絕佳機會。

　　運用適當的行銷傳播計畫以達成與目標消費者的訊息溝通，需整合的層面包含訊息、策略、創意、媒體運用及效益回饋，這樣完整的方案最是適合一個想立刻從無名小卒瞬間成為市場扛霸子的狠角色。在消費者消費購買的內在動機中，「造夢」有兩個方向，一個是使自己成為理想中的那個人，一個則是完成自己原本所無法達成的事之滿足感。舉例來說，常見的成功形象塑造，像是進口品牌的休旅車的廣告，即便多數時間我們都不會真的開車去越野冒險，但是當看到廣告中的明星代言及成功的場域塑造時，內在的自我投射便達到了滿足。

行 銷 效 益 極 大 化

　　例如 ONE BOY 的各種媒體傳播運用，在預算上及規模上，都確實達到超越現有國內服飾品牌過往的預算規模，當我們打開電視時看到廣告、轉到新聞台發現媒體在報導、打開本土劇看到冠名贊助，甚至在上網搜尋後，被鋪天蓋地的網路廣告給持續觸及。從品牌一出道就因為行銷手法話題，與代言人廣告的大量投放，我們可

以説這個服飾品牌「出道即巔峰」。包括賈靜雯、修杰楷、林心如、張鈞甯、田馥甄、郭雪芙到韓劇女神朴敏英都曾為該品牌代言。

ONE BOY 服飾的品牌訴求著重在特定機能，而官網上也明確指出，品牌擁有自己的材料應用專利及生產地，這時我們就能判斷，即便在投入龐大的行銷預算，還能在大量消費者的購買的情況下維持沒有太多負評，基本上就能使企業回歸到「生產效益極大化」。在自行設計與大規模生產的優勢下，控制成本維持基本品質也較容易做到。另外我們也能從官網上看到，品牌其中一項主要業務是企業採購，透過 B2B 的訂單不但量大而且穩定，也可以説才是讓品牌生產量維持的方法之一。

此外，由子女為長輩添購衣物的比例也不少，足見銀髮商機也是值得關注的一環，而樂齡長輩對品牌商品的偏好，也同樣受整合行銷傳播的影響。説實在的，大家不妨留意看看，以都市街頭觀察而言，有多少人穿著潮流服飾？舉凡社群媒體上的婆媽團旅遊開箱文，或是難得搶到兩件超級優惠的炫耀文，這時對消費者來説，購買與使用衣著的目的，已不再是一天到晚穿著它來保暖或降溫，而是在自己的同儕之中宣告，自己其實也是很時髦的。

隱憂與未來

當消費者回歸實體店面消費選購時，不盡然會比照過去一般接受原有的整合行銷傳播溝通影響。當新進品牌競爭者已各據山頭，服飾業者除了得面對既有的國內外各大品牌競爭，還得面對代言人或 KOL 的宣傳效益產生疲態，這也是消費市場可預見的隱憂。造夢的品牌往往都需要一群消費者一起共舞、共同築夢，但是在 Z

世代及 00 後的年輕人眼中,本土服飾品牌的形象仍有很大的進步空間,況且若原有的消費族群是因 CP 值而買單的話,一旦個人收入提升、身分提高,變心擁抱更高價位的理想品牌更是可以預見。

然而我之前曾特別問過幾位喜好露營、戶外活動的朋友,在他們的心目中,自己原本就喜歡的品牌始終未受這些行銷傳播的影響;至於受行銷傳播影響而消費的人,能夠在品牌偏好的光環下回購「幾次」就顯得相當重要。畢竟在特定消費者族群及二級市場中,市面上會快速充斥新品、促銷品及二手商品。當原本想買卻發現跳蚤市場一件只要 150 元,但官網上眾人還在等訂新貨等到手抽筋的同時,為品牌帶來的不盡然是正面效益,更可能使許多人選擇放棄原本的購買衝動。

童裝產業的衝擊

童裝產業近年來發生巨大的變化,繼童裝品牌百事特、愛的世界退出市場後,這次 WHY AND 1/2 也不敵環境的變化,宣布已於 2024 年初結束營業。從先前的統計資料來看,2014 年到 2018 年童裝市場雖然面臨少子化的衝擊,2020 年新生兒人口僅 16.5 萬人,較 2019 年減少了 1.25 萬人,出生人數不僅是史上新低,也創下首度人口負成長,然而因家長更願意將錢花在孩子身上,客單價反而提高,所以童裝產業整體仍有 300 億元左右的商機。我過去曾有一段時間協助本土童裝龍頭品牌的企劃能力提升,包含規劃促銷及節慶活動的設計,在此也分享一下自己的觀點。

過去本土童裝品牌多半以自產自銷的經營型態來滿足市場需求,但在面臨 UNIQLO、H&M、ZARA 等快時尚童裝品牌的

衝擊，與經典名牌 Fendi、Dolce & Gabbana、Burberry Kids CHILDRENSWEAR 等推出童裝系列競爭，甚至是國際運動品牌 adidas、PUMA 也推出童裝系列，都瓜分掉不少本土童裝品牌生存發展的空間。

　　以麗嬰房來說，除了自創品牌 les enphants、Nac Nac、my nun 等童裝相關品牌外，還代理授權品牌 Sanrio 及代理經銷像是 adidas、PUMA 等國際品牌，並且在品牌與消費者溝通上也經營有觀光工廠「采衣館」，並具備經營電商平台與代工的能力，除了分散風險外，也提升了因應市場變化的能力。然而，縱使擁有上述優勢，卻仍有業績不易提升、營業成本持續增加的壓力。

　　從童裝品類中進一步區分，因為國內戶外活動及露營風氣的盛行，包含兒童泳裝、運動鞋、兒童戶外服飾，秋冬再加上羽絨服飾及帽子、手套，市場需求明顯增加。也因為新手爸媽多為 25～35 歲這個世代的年輕族群，受社群媒體影響、慣用電商購物的傾向更為明顯。因此，若品牌未能跟上腳步採取新時代的溝通及銷售方式，往往無法像過往只靠傳統通路消費者支持就足以維持獲利。

　　另外，從消費者需求而言，更多家長願意選購精緻、富設計感的商品，只要在材質及服務上能夠落地本土化，像是義大利品牌 PIPPY 就是由儀大（百事特童裝連鎖）的前公司主管接手，現在經營表現仍然不俗。或是像 Queen Shop、OB 嚴選、PAZZO、CACO 等本土服飾品牌的童裝產品線，在電商平台上都有不錯的表現，以及近年來與大量知名動漫 IP 合作的 NET，也都是平價的童裝選擇。

　　事實上，少子化確實對童裝產業有所影響，但是，我們仍能從童裝市場看到：快時尚的創意設計、高級精品的風格與品牌價值、

持續成長的本土品牌……對家長來說，更值得思考的是——如何成功重塑品牌形象，提供滿足消費者的需要與場景需求，並在電商及實體通路上創造出更多元的服務。

此外，也能透過節慶行銷力的應用。例如運用親子裝的議題，於父親節、母親節或耶誕節、萬聖節，塑造更多合適的童裝採購時機。畢竟當家長能一次選購自己跟孩子的衣服，甚至連寵物也成套一併入手時，不但能幫助品牌更順利經營下去，此舉也更符合年輕一代新手爸媽的生活風格與型態。

2.2

影劇動漫
與
時尚服飾

誰說雙排扣西裝老氣

很多人認為，以台灣的氣候和穿衣時機，男生有個 2、3 套西裝就很不錯了，更別說是比較特殊的像是獵裝、長大衣，甚至雙排扣西裝（Double Breasted Suit）。雖然這幾年因為《金牌特務 Kingsman》電影熱映的關係，越來越多人更能接受雙排扣西裝；但每次看到國外的經典電影或是影集裡那些帥到耍耍的男星身上穿著那套西服展現獨特魅力，就會想說到底現在還有誰會這樣穿啊？（就我本人啊！）

但經典不該只是在電影中才會出現，正式穿著融入軍裝風格演變而來的雙排扣西裝，曾經在 70 年代被視為菁英人士的穿著象徵，多部好萊塢電影都是以此為重要的風格時尚。像是 007 電影裡的詹姆士‧龐德（James Bond）這樣重視帥氣又強調身手敏捷的主角，也常穿著雙排扣西裝現身。這次我就來分享一下，那些經典電影中曾經出現過的帥氣身影。

一、小報妙冤家 His Girl Friday

在時代的洪流中，加里‧格蘭特（Cary Grant）在 1940 年時所扮演的沃爾特‧伯恩斯（Walter Burns），時常在劇中穿著帥氣的雙排扣西裝，呈現出風流倜儻、不拘小節的帥氣形象，也給當時的時尚圈諸多啟發。劇中這件是 6×2 的款式，就是指正面有 6 顆鈕子，其中 2 顆可實際扣上，其餘為純裝飾用的款式，之後文中所提到的款式說明也是以此類推。除了以當時流行的較寬扣距呈現氣場外，花領針的搭配也很亮眼。

二、007：女王密使
On Her Majesty's Secret Service

　　1969年的「007：女王密使」是由喬治‧勞勃‧拉贊貝（George Robert Lazenby）飾演詹姆士‧龐德的系列電影。喬治‧勞勃‧拉贊貝是少數只飾演過一集就辭演的龐德，但這仍然無損他在劇中的丰采。他在電影中穿著出現的款式是 6×3（正面有 6 顆釦子，3 顆可以實際扣上）的西服款式，顯得更像軍裝，而且也更為正式。

三、007：金槍人
The Man with the Golden Gun

　　羅傑‧喬治‧摩爾爵士（Sir Roger George Moore）可說是公認最紳士的龐德，而不少時尚潮流也是由他在電影中的裝扮所引領而起。1974 上映的《007：金槍人》中，他所穿著的則是 6×2 的款式，這也是現在最常見的時尚風格。而這件西服的設計更增添了些許商務感。試想，若是上台演講或開會報告，穿著這款條紋雙排扣西裝是多麼稱頭啊！

四、金牌特務：機密對決
Kingsman: The Secret Service

　　對於年輕一代的朋友來說，經典的諜報片雖然很有特色，但多數人也願意嘗試不同的風格，所以，開著西服裁縫店的特務機構，這點夠噱頭吧？當然！其中柯林‧佛斯（Colin Firth）飾演的

加拉哈德一角曾說過的經典台詞：「Manners Maketh Man.（禮儀，成就非凡的人）」以及「The suit is a modern gentleman's armour, and the Kingsman agents are the new knights.」（西裝是現代騎士的盔甲，而金牌特務就是現代騎士。）這兩句話讓劇中的特務除了要身手不凡外，更要有品味，也因此片中出現雙排扣西裝的機率可說是相當頻繁。

五、金牌特務：黃金圈
Kingsman: The Golden Circle

延續金牌特務的風格，這次不只主角泰隆・艾奇頓（Taron Egerton）及柯林・佛斯・連馬克・史壯（Mark Strong）飾演的梅林也穿上了帥氣的雙排扣西裝一起出任務！尤其是當梅林為了同袍準備犧牲自己，腳踩地雷唱著經典旋律《Take Me Home, Country Roads（鄉間小路）》一曲時，那實在是真男人的表現啊！（淚……）原則上劇中所出現的西服也多半是 6×2 的款式，搭配口袋巾位置的小巧思，讓單色的雙排扣西裝更加亮眼。

六、大亨小傳 The Great Gatsby

法蘭西斯・史考特・基・費茲傑羅（Francis Scott Key Fitzgerald）在 1925 出版的經典小說《大亨小傳》，被視為美國文學「爵士時代」的經典象徵，更多次改編成電影。而 2013 年由李奧納多・狄卡皮歐（Leonardo Wilhelm DiCaprio）及喬爾・埃哲頓（Joel Edgerton）等飾演的版本，更喚起了大家對那個紙醉

金迷美好年代的回憶。當中喬爾飾演的湯姆‧布坎南在一場晚宴中，所穿的就是 2×1 的雙排扣西裝，而配合這樣豪華場景的服裝配件，則是選擇了領結及口袋巾，西裝背心也是雙排釦的款式，可說是細節層層到位。

另外，像是米高‧肯恩（Michael Caine）在《風流奇男子 Alfie》中飾演的主角阿飛所穿著的 4×1 海軍風雙排扣西裝，或是《華爾街之狼 The Wolf of Wall Street》中李奧納多飾演的喬登‧貝爾福所穿著的 6×1 雙排扣西裝，都是相當經典且別具風格的例子。

很多時候所謂的時尚，可說是由媒體塑造，透過明星魅力推波助瀾出現風潮，但其背後也跟時代演變及個人化風格有關。要想在熱個半死的天氣，還能每天西裝革履的去上班，那可真不容易！但出席正式場合、重要會議，甚至結婚時，合宜的衣著仍相當重要。雖然在一般成衣中也蠻常見得到西裝，但若是想擁有一套精緻合身的雙排扣西裝，由於款式與細節都相對複雜，我還是建議大家走一趟西服裁縫店，至少量身訂製的那套「戰甲」能夠貼合自己的身材，穿出真正專屬於自己的風格，而不是勉強上身的累贅。

動漫裡的時尚

還記得小時候看到電視上播放的美系卡通，通常都有著大肌肉（例如：HE-MAN 太空超人），或是充滿活力的外星戰士（例如：霹靂貓），雖然角色造型色彩鮮豔且造型帥氣，但終究與現實頗有差距。後來接觸的動漫養分逐漸從電視卡通轉到了漫畫，作品也從美系風格轉移到日系漫畫。除了超現實的科幻元素天馬行空，也少

不了生活在現實社會的帥氣主角,面對挑戰時勇往直前,甚至在穿著打扮上也很有時代感!

有趣的是,現在回想起來,我發現自己其實從小就喜歡穿西裝,雖然身邊的長輩偶而也會著正式服裝,但認真回想起來,我的著裝喜好不論從配色、穿搭,還是款式,甚至對穿著西裝人物的職業與個性投射,的確受了不少日系漫畫的影響。不少動漫作品曾著重時尚或西服主題,例如在《航海王電影版:強者天下 One Piece Film Strong World》中,角色全員以帥氣的西裝登場。甚至有作品在整個故事的主體上極具時尚品味!以下是我精選獨具時尚特色的四部動漫影視代表作。

一、聖堂教父(サンクチュアリ╱Sanctuary)

《聖堂教父》是由史村翔原作、池上遼一繪製的熱血動漫作品,於 1990 年代在小學館所發行的漫畫雙月刊《Big Comic Superior》上連載,單行本全 12 集。台灣則是先由時報出版取得授權,之後東立出版社的重新取得授權則將書名改為《聖堂風雲》,作品還曾拍成真人電影版,由藤由紀夫執導,阿部寬等知名影星主演。

故事的重點是描述兩個日本小孩,也就是主角北條彰與淺見千秋,從人間煉獄柬埔寨存活下來,在回到血緣地日本後發現,這個國家已經被二戰後「團塊世代」的既得利益者所把持,變得腐敗不堪。兩人決定從黑白兩道各憑本事入門,北條彰進入黑社會、淺見千秋進入政壇,開始了互相扶持而理念明確的改革之路。

過去日本的政治人物與黑道都有個相同的特色,那就是在正式

場合中都西裝筆挺，不論是天氣多麼炎熱，甚至是必須長時間待在戶外的演講、典禮，人們仍視穿著西裝為一項基本禮貌。所以在作品中角色身著三件式西裝、外加長大衣，或是雙排扣西裝等都是常見的畫面。

二、島耕作（しまこうさく）系列

《島耕作》是弘兼憲史所作的商業型動漫作品，系列包括學生島耕作、青年島耕作、係長島耕作、課長島耕作、部長島耕作、董事（取締役）島耕作、常務島耕作、專務島耕作、社長島耕作及會長島耕作等作品，可以説是一個有為青年奮鬥一生的紀錄啊！在台灣中文版的譯本是由尖端出版社發行。

島耕作的背景設定在 1980 年代，當日本經濟從成長趨緩，開始歷經 1990 年泡沫經濟時期到 2000 年前後，在大型企業集團「Hatsushiba 初芝電器（影射 Matsushita 松下電器，現在的 Panasonic）」工作的上班族奮鬥故事。講的一樣是團塊世代的年代，並將現實生活中上班族會遇到的公司派系鬥政、商業上的爾虞我詐，及大企業間的競合起落，描繪得栩栩如生。

過去日本的上班族，穿著西裝可説是基本的工作服，但在不同層級甚至是不同年齡時，選擇的西裝款式卻沒什麼差別。這也反映出作者弘兼憲史在另一本著作《別人是別人，我是我》中對穿著的看法，他表示：「比實際年齡年輕一點」，是中年男子最適合的打扮。也因為其作品雖然連載了相當長的時間，卻不見主角出現老態，也因此甚至還在 2018 年跟知名日本酒品牌「獺祭」（だっさい）聯名推出了公益酒款。

三、JoJo 的奇妙冒險（ジョジョの奇妙な冒 ，原名 強人陣線、JoJo 冒險野郎）

　　《JoJo 的奇妙冒險》是荒木飛呂彥所作的奇幻動作類動漫作品，自 1987 年起至 2004 年止在《週刊少年 Jump》連載，之後移往《Ultra Jump》，台灣版權現在由東立出版社取得。從一開始主角憑著勇氣和智慧對抗吸血鬼的劇情，到後來主角們利用各種神奇的替身能力與對手展開對決，當中每一部的主角都是以 JoJo 為作品中的代稱（黃金之風的 GioGio 除外），因故事主線完整緊湊，所以授權作品包含了漫畫、電視動畫、電影動畫、真人電影，甚至還有電玩、模型公仔等周邊商品。

　　JoJo 的奇妙冒險中角色人物擁有相當華麗的服飾與配色，甚至連鞋子都充滿時尚感，自然也吸引不少知名品牌合作的機會，像是「資生堂ビューティートップスペシャリスト」的髮型、彩妝設計大師「原田忠」就在作品 25 週年的特殊紀念活動中將故事角色具像化，透過時尚模特兒完美呈現。最吸引我的正是許多角色腳上穿的尖頭皮鞋，不但有型，而且很適合作為穿搭時的靈感來源！

四、魯邦三世（ルパン三世、Arsène Lupin III）

　　《魯邦三世》是 Monkey Punch（モンキー・パンチ，本名加藤一彥）所作的冒險動漫作品，1967《周刊漫畫 Action》創刊號上開始連載，台灣版權現在由東立出版社取得。擁有動畫、小 、動畫電影、真人電影、電視劇、遊戲、甚至舞台劇及其他玩具周邊等作品，魯邦三世可說是相當強大的經典動漫影視 IP（intellectual property 智慧財產權）。創意從知名作品《怪盜亞森‧羅蘋（Arsène Lupin、又譯亞森‧魯邦）》做為延伸，其孫子義賊魯邦三世及伙伴次元大介、石川五右衛門、峰不二子，和錢形警部之間不斷鬥智鬥法的過程為主軸。

在作品中，風流帥氣的魯邦三世、很有個性的次元大介，以及亦敵亦友的錢形警部，大部分時間均以西裝造型現身，次元大介和錢形警部還有帽子搭配造型，帶有英國紳士的風格。以 60 年代的日本漫畫來說，這部作品不只是故事吸引人，更是讓許多讀者喜歡上西裝打扮的原因。日本新宿伊勢丹百貨慶祝 130 周年時，就曾舉辦「ISETAN × 魯邦三世 LUPINISSIMO IN ISETAN 2016」活動，將《魯邦三世》裡角色的服裝實體化，讓讀者能直接選購，化身時尚角色。

過去常有人誤認為，喜歡動漫的人往往不修邊幅、打扮隨興，而動漫角色由於多是幻想虛構，因此少與時尚產生關連。但近年來動漫影視對消費者的影響不但已深入生活，也有越來越多高價時尚品牌樂意與動漫 IP 合作。這次我所分享的四部作品，更是在作品推出的當時就對讀者在西裝、鞋子，甚至是帽子的造型搭配上有了相當正面的啟發。

2.3

珠寶
與
奢侈品

社群媒體的影響力擴大

　　以個人穿搭而言，常見的奢侈品品項大致包含了香水、珠寶、
鐘錶、服飾、鞋子及其他配件，對一般大眾來說，奢侈品代表著
昂貴與精緻。據摩根史坦利（Morgan Stanley）公司的全球產業
分類標準（Global Industrial Classification Standard, GICS）
中，精品產業包含了高級成衣、配件（手提包、行李箱、手巾、皮
帶）、珠寶及手錶等。全球精品市場主要以三大精品集團為代表，
依序分別為：LVMH 集團、Richemont 集團及 Gucci 集團，另外
還有 Prada、Hermès、Chanel、Giorgio Armani、Tapestry（收
購 Capri）等集團公司。

　　在 M 型消費的影響下，中產階級逐漸減少、奢侈品消費者年
輕化，越來越多品牌選擇轉型迎向更年輕的消費族群。Z 世代通常
是指 1995 年至 2009 年出生的世代，這些人對奢侈品之產品服務，
有更強烈的個人看法，對於購物當下的消費體驗也期望有更高的服
務品質。因此，精品品牌更需要在社群上營造出貼近消費者的表
現，消費者則期望在品牌門店購物時，銷售人員能更親切且了解消
費者需求。

　　像是跟動漫 IP 的合作、街頭嘻哈文化的應用，都有別於以往
精品「高上大」的品牌形象。例如 BULGARI 的合作對象不少是熱
衷街頭文化的創意總監，從藤原浩、Alexander Wang 王大仁到和
AMBUSH® 的聯名系列，都是更為大膽叛逆的前衛風格，並藉著不
斷挑戰顛覆傳統，同時維持傳承和奢侈品價位的平衡。

　　LVMH 集團旗下的珠寶與奢侈品牌也在重新定位形象，希望能
進一步打動年輕消費者的芳心，像是結合實驗性產品與高人氣頂

尖品牌，並強勢推出聯名系列，如 Rimowa 與 Supreme 的合作，以及 Tiffany 與 Nike 聯名、價值 400 美金（約 12,000 台幣）的 Nike × Tiffany & Co. Air Force 1 1837 運動鞋。

　　隨著科技進步以及奢侈品龐大的市場商機，品牌應更積極打造能在社群媒體上曝光的機會，並與消費者情感層面產生連結，藉由口碑影響更多不同世代的消費者，建立對特定奢侈品的好感度，進而達成購買意願的提升。國際品牌專櫃對其形象均有特定的視覺標準系統，在視覺環境佈置上一律採取品牌專屬限定的材質、色彩、五金、道具、展示陳列及裝飾物等，透過特定規範以設計出符合品牌全球標準，又能因地制宜合乎當地商圈百貨消費者偏好的零售空間專櫃。

　　奢侈品牌的市場持續成長，領導品牌的行銷策略也應隨著消費者習慣的改變，導入更多數位及實體的應用，以增進與目標客群接觸的機會，試圖創造更理想的消費體驗，達成口碑傳播。例如 Louis Vuitton、Burberry 都採用了更親近大眾的溝通策略，為吸引更多年輕的消費者，從當代特有的文化著手，拉近與消費者的距離。購買奢侈品對年輕消費者來說，不僅能帶來身分認同、呈現自我風格，也兼具投資意涵。雖然選購黃金飾品也一樣能達到保值的目的，但選擇奢侈品甚至還能兼顧特定場合的社交需求。

奢侈品牌的節慶溝通好機會

　　《節慶行銷力：最具未來性的品牌營收加值策略》一書中提到，耶誕節是奢侈品牌與目標客群溝通的好機會。品牌只要將溝通訊息傳遞給消費者，經由引導打卡和體驗贈禮的方式，強化消費者與品

牌之間的互動，最後再透過社群媒體的曝光將效益自然擴散；不但能為品牌帶來能見度，也能讓本就有意在耶誕節留下美好記憶的人們，有了消費支持品牌的更好理由。

就像 2023 年耶誕節，Dior 在台北 101 大樓門口佇立了一株「Dior 生命之樹」，往來行人都可以看見金色葉子飄搖，將樹裝飾得優雅飄逸，搭配絢麗的燈光，相當具有節慶氛圍。Louis Vuitton 也在台北 SOGO 復興店打造台灣首座「路易威登聖誕樹」，外觀高達 10 米，並由 Monogram、Vivienne、LV Twist、LV Lock、Alma 手袋、Speedy 手袋、Trunk 硬箱等路易威登代表性圖紋元素堆疊了 28 層而成。

在信義區的精品零售業重鎮，新光三越百貨信義新天地 A11 有「Pandora 夢幻禮品小屋」，以歐式聖誕元素傳遞冬日浪漫氛圍，雪白鋼琴點綴的禮物櫥窗、堆滿驚喜聖誕禮的雪橇，以及粉嫩驚喜「夾禮物機」。遠東百貨信義 A13 則有「Vivienne Westwood 首座土星拍貼機」，高達 3.5 公尺、寬度 5 公尺的巨型土星以金屬球體呈現如土星一般的外觀，表面刻劃細緻的電鍍紋理，形成類似土星的大氣帶狀圓環，成功增加消費者對品牌識別的獨特記憶。

Coach 則是選在華山文創園區，設置高達六米的巨型聖誕樹與相鄰的多彩光屋，光屋以聖誕薑餅屋為概念，綴以繽紛的 LED 燈泡、禮物盒和胡桃鉗士兵，上演專屬於冬日的節慶故事。傍晚過後華山園區建築物外牆也定時展出光雕秀，吸引消費者目光。Jo Malone 在台北「心中山線形公園」打造童話薑餅遊樂園，現場裝飾著超過 9 米高的巨型香氛聖誕樹和旋轉木馬、奇趣造型的大薑餅人，還有滿滿的巨型禮物塔、枴杖糖，也將此處妝點為適合拍照打

卡的熱門景點。

　　Harry Winston 則是選定台北 101 及台北晶華酒店兩個地點，於台北 101 購物中心信義路出入口打造「Winston Express 溫斯頓聖誕快車」，以聖誕樹和靈感源自品牌經典設計的 Cluster light 頂燈與串燈為中心佈置，以樹下的聖誕快車象徵引領人們找到夢想成真的旅途；同時在台北晶華酒店一樓中庭設置由 2000 顆漆上品牌代表色金球與藍球裝點堆疊的聖誕樹，不僅透過 Winston Express 溫斯頓聖誕快車傳遞節慶氛圍，也展現出品牌的雄厚實力。

　　就行銷層面觀察，年輕世代對過去珠寶品牌塑造的形象故事不再著迷，因此改採迎合 Z 世代喜歡的短視頻、社群美照、直播等傳播方式與消費者溝通；這也同時成為部分新進本土品牌切入市場的商機。尤其當設計師本身就是年輕族群，品牌所採用的是更吸引年輕世代的珠寶原石工藝，也成功獲得消費者青睞，成為求婚定情時的新選擇。

　　奢侈品的採買從以往的「炫耀式」消費，走向了更大眾化的市場，「為自己而買」更成了許多小資族的消費原因。奢侈品牌的行銷策略也得跟著因應調整，更接近熱門議題，才能在推出符合市場需求產品的同時，打動消費者芳心。畢竟在耶誕時節，多的是想趁機購買精品來打動愛人、藉機送禮表白期許獲得交往機會的客戶，精品適度營造「愛與戀」的氛圍，才不辜負了這浪漫的美好時光。

婚慶產業中的新商機

　　根據行政院性別平等會統計，2022 年國內的初婚平均年齡，

男性為 32.3 歲，女性則為 30.4 歲，若是以結婚對數 124,997 來看，大約近六成落在 25 ～ 34 歲之間，這樣的「年輕世代」也就是我們說的 Y 世代末期與 Z 世代初期。年輕世代的新思維，從社會價值的認知到經濟能力，都影響了消費市場對婚慶珠寶的選擇。尤其從「鑽石恆久遠、一顆永流傳」，到現在「不在乎天長地久、只在乎曾經擁有」，新人們不但願意選擇租借珠寶的方式來滿足婚慶儀式的需要，甚至即便要自行購入，也希望珠寶款式能是自己有意願持續配戴的。

婚禮平台「Marry 結婚吧」2022 年針對預計未來兩年內完婚的準新人進行調查統計，結果發現，平均新人的婚禮預算為 57.9 萬，預算分配以婚宴花費占比 53.9% 為最高，其次是婚戒，約占 12.5%，再來是喜餅，約占 11.3%，若再加上國外蜜月費用 15 ～ 20 萬，平均完婚的預算可能得突破 70 萬台幣。在選購婚戒上，新人們至少得預留 7 ～ 8 萬的預算，若選擇本土或新進品牌鑽戒，至少可以選到主鑽 0.50 克拉 F ／ VS2 ／ 3EX 完美車工，搭配 18K 金戒指的等級。

然而對從小生活在數位社群時代的年輕世代來說，不再一味追求大顆寶石的經濟價值，反而更在意時尚珠寶飾品的個性呈現，或是鑽戒背後的社會責任。懂得思考「付出的金錢是為了面子，還是讓自己更開心滿意」的價值觀。面對現今年輕世代的消費者，婚慶珠寶業者不論是傳統高級品牌的轉型，還是新進品牌形象的塑造，甚至是回歸保值與自我認同的期望，這些衝擊都是婚慶珠寶產業必須面對克服的挑戰。

從趨勢中我們發現，年輕世代對婚慶珠寶的選擇相較過去已出現明顯變化，與早期觀念不同，對於人工培育的鑽石接受度增加、

黃金飾品的接受度提高，同時產業受社群媒體的影響也持續擴大。更多年輕族群期望，除了傳統鑽戒之外，能有設計更具個性風格的珠寶選項，即便象徵意義不再像過去這麼強烈，卻能使消費者在未來將飾品配戴得更開心自在。

與過去世代的觀念不同

過去當長輩結婚時，儘管多數人對準備當作聘禮或嫁妝的一整套珠寶飾品感到吃力，但仍會盡可能湊錢準備，至少讓新人結婚時面子掛得住。之後台灣經歷了經濟奇蹟，當多數人都能買得起自己及送給另一半代表愛情象徵的婚慶珠寶石，時代的滾輪又將我們推向了新的境界──尤其是以 Z 世代為首的年輕世代，對於婚慶珠寶的認知與定義，跟以往又已不同。

嫁娶的聘金在年輕世代眼裡，已不再那麼重要，什麼大聘、小聘，尤其是許多勇敢邁向婚姻的伴侶更是不受這些過往習俗觀念的束縛，不願讓傳統觀念影響了兩人堅定的愛情；相對的，這需要正當 40～50 年代的父母成全。當年經歷了長輩諸多干涉而不願孩子再經歷自己面對愛情與現實壓抑的苦，不少父母在下一代的婚姻觀念上，對免除聘金嫁妝也越來越能接受，並支持年輕世代衡量自身能力舉辦婚禮、買辦新人自己所需的珠寶。

因此，追求新奇事物的 Z 世代，從婚慶儀式的形式到婚嫁觀念都發生了不少變化，希望在自己的婚慶環節有更多新意，這也反映在了珠寶飾品的選擇上。尤其越來越多人直接跳過包含提親、訂婚等儀式，直接在將兩階段結合在結婚儀式中，若雙方親友分別居住在不同城市，就舉辦兩次婚宴（一次為歸寧）。這樣的改變更影

響了原本儀式中需要的珠寶採購行為。

《愛與戀：從談情説愛洞見品牌新商機》一書中指出，年輕世代的消費者對於愛情，甚至是婚姻，都更加受商業品牌傳播影響。現今年輕世代的審美觀、消費趨勢已不同過往，尤其是當早期準備的珠寶飾品常常只是為了完成婚慶儀式而購，其實並不符合自己的實際需求與使用偏好時，那些社群媒體中所呈現的內容選項，正提供了消費者適時的參考，幫助他們做出適合自己的決定。

尤其當新人準備購買婚慶珠寶時，打開 Instagram 或小紅書就看到知名網紅秀出自己喜歡的珠寶品牌款式，轉到抖音就看到珠寶品牌運用短影音故事行銷，包裝自己產品的獨特性並強化品牌能見度；甚至當消費者搜尋 YouTube 想看看有什麼婚戒適合挑選時，KOL 也會不斷分享自用心得與置入行銷，引導消費者在選購婚慶珠寶時做為參考。

黃金飾品的接受度提高

但即便是全球珠寶產業，甚至連鑽石龍頭品牌都在積極轉型之際，我們卻能發現，還是有越來越多的年輕世代結婚時，不盡然會期待對方拿出鑽戒求婚，反而對相對平價具設計感的有色寶石有所青睞，並在婚禮儀式中採用整套的黃金飾品來表達愛情的價值與心意，從這點或許可以看出，年輕世代對於婚慶珠寶需求的關鍵意義，產生了實質上的變化。

更多的年輕世代考量務實層面，更願意選擇相對保值、具流通性的黃金飾品，儘管黃金飾品的價值會因金價變動而上下震盪，但在更多創新工藝及知名 IP 的授權之下，有越來越多年輕族群也開

始願意選擇黃金作為其購買標的。

尤其金飾可塑性高，金飾業者利用越來越多年輕世代對動漫作品的偏好，推出像是 Disney 迪士尼系列金飾，將可愛的角色透過造型與設計融入飾品，不但能作為婚慶珠寶的選擇，也很適合日常佩戴。比如男性動漫迷，若選擇航海王 One Piece 造型的授權金飾對戒，也會更有意願在日常配戴吧！

頂級消費客群

對每個人來說，所擁有的財富和資源不同，也影響了個人的消費行為的差異。其中，有這麼一群人，口袋不但夠深，更對自己所偏好的物質需求有一定堅持，同時在會在意物質背後的文化意涵，甚至投資價值。這時包含像是頂級豪宅、珠寶飾品、名車名錶、絕版好酒及奢侈品牌的包包服飾等，就成了這群「螳螂有錢人」的囊中物。

成為百貨公司的 VIP 是一種身分象徵，像是 101 購物中心的尊榮會員，需在一天內於購物中心內達消費 101 萬元的消費門檻，才能申請入會享有 1 年會籍；而微風百貨的鑽石卡 Diamond Card 會員資格，則是單日消費達 100 萬元以上，或當年度消費累計達 500 萬元，可見其消費實力堅強。各百貨公司的 VIP 會員人數也就成了百貨業者是否夠格跨入頂級百貨的關鍵力量。

近年來我因產業輔導接觸了不少奢侈品行業及具相當消費能力的有錢人士，以下歸納整理頂級消費客群的六大特徵與需求，作為分享。

一、對於特定的知識產權與文化財產有高度的保存興趣。

二、雖然承襲既有的家族資產，但仍持續創造投資帶來獲利。

三、若是白手起家獲得財富者，通常擁有強大的創造力與執行力。

四、對於零售業的服務和體驗，有著高度的要求與期望。

五、願意參與品牌或百貨公司所舉辦的專屬活動，達到購買與社交的目的。

六、對於新媒體的使用與接觸有一定程度，但掌握了更多的流量與話語權。

過去我曾將購買奢侈品的消費族群，分成四個類型：高階商務者、品味投資者、自我滿足者及心靈新世代。以往在高額消費市場，有很大的占比是由「高階商務者」這個群體支持而成。這個族群的消費往往是因為職場的身分象徵、社交目的與地位展現，其實際經費支出多半由企業買單，像是出差時住宿高級飯店、米其林餐飲等消費，或是頂級訂製西裝和雙B等級以上的房車開支。這個族群的消費者通常為公司的創辦人或高階幹部，同時對品牌與品味具一定的鑑別能力。

第二群人則是「品味投資者」。對奢侈消費背後的增值、知識、文化等面向相當在意，因此也更為重視所使用及購買的奢侈品與消費，是否具有特定的意涵與升值空間。像是義大利的百年品牌、稀有的歷史文物收藏品，以及能夠展現自我獨特性的經典跑車款式；女性則更看重保值性高的包款與珠寶，也會對參與社會團體活動時，具較高識別度的奢侈品牌更為偏好。

第三類消費族群則是「自我滿足者」。這個族群普遍性年紀較輕，雖然沒有特別高的收入與資產，但是對自我的滿足與實踐有更強烈的意願，因此在扣除像是房租與各類貸款後，雖然手頭可能所

剩無幾，但這群消費者仍然願意付出和姊妹淘一起去五星級飯店吃大餐、購買春季剛上市的新款 LV 服飾，或搶購國內限量 1000 個鋼鐵人雕像等奢侈的消費行為。

第四類的群體為「心靈新世代」。除了比大部分奢侈品消費者年齡更為年輕外，也有一些人是因為過去的生活條件與接觸對象受限，反而到了銀髮退休後更為勇敢消費；因此包含 Z 世代、α 世代擁有較好的生活環境，以及想要跟上潮流的潮銀髮族，對於鑲嵌為主的炫耀性珠寶飾品、品牌授權的特色黃金配件，以及復古風的經典奢侈品服飾、懷舊的老爺車，甚至是昂貴的家用香氛與居家布置，在自我心靈的滿足以及精品的價值重現後，奢侈品與高價消費成了跨世代的文化對話方式。

消費體驗的提升

而延續之前提到的百貨 M 型化發展，這也解釋了為什麼有的百貨業者即便只選擇高消費族群做為目標市場，仍有機會持續發展下去，原因就在於現有的百貨進駐品牌的現況與整體百貨公司的品牌發展中，只有極少數像微風南山、BELLAVITA 寶麗廣場等才真正是專營頂級客群的百貨公司。

透過數位社群的「展演」和實體生活的呈現，我們認知的有錢人除了購買奢侈品來滿足自身需求外，更多是因為社會大眾的話題討論，以及背後的投資附加價值而衍生出的行為表現。就像有的高價商品是因為使用了頂級材質，讓使用者使用時達到極致舒適；有的則是因數量稀缺，讓擁有者盡享獨特的優越感並坐擁未來的增值性。

心靈
新世代者

高階
商務者

奢侈品及珠寶
之消費族群

自我
滿足者

品味
投資者

　　對於奢侈品品牌來說，不論是價格還是通路的規劃設計，並非
只是昂貴就能存活下來，品牌歷史及故事行銷、美學與設計的前驅
性，再到愛情與節慶等不同議題的掌握，都有機會吸引富人上門。
但同樣地，當不同世代的消費者對奢侈品也有了不同的期待時，公
仔聯名的 NFT 就可能比頂級手工藝的帽子對 Z 世代消費者更具有
強大的吸引力能增加消費者購買機會。

ESG 的概念導入

　　所謂 ESG 分別是環境保護（E，Environmental）、社會責任
（S，Social）以及公司治理（G，governance）的縮寫，是一
種新型態評估企業的數據與指標。零售技術公司 First Insight 在
2019 年的調查中指出，基於實踐「可持續零售（Sustainable in

Retail）」理念而做出的購物決策行動，讓至少 62% 的 Z 世代受訪者，更願意從可持續品牌中購買產品，甚至超過千禧世代和 X 世代。奢侈品牌的 ESG 議題也逐漸更受到消費者的關注，環保和永續發展的概念，落實在奢侈品的設計、生產及庫存管理上，更從品牌理念上逐步加入相關了元素。

由於過去企業供應鏈的營運模式中，奢侈品牌關於材料來源、動物保育、勞動者福利及對於弱勢者的照顧的 ESG 策略都逐漸受到重視，甚至成了不少新創奢侈品牌的市場切入機會。國際化的奢侈品牌，透過對 ESG 的關注提升形象，更容易得到投資人與金融機構的青睞與信任。尤其當許多頂級消費者都是具社經地位的企業主或領導者的情況下，ESG 也成了品牌的一種外顯象徵，這也同時影響了消費者的購買決策。

鑽石產業的轉型契機，來自美國聯邦貿易委員會 2018 年重新定義：「鑽石是一種礦物質，主要由在等軸測系統中結晶的純碳組成。」這項宣布等於正式接受了來自實驗室中的人工培育鑽石也是真正的鑽石。2022 年戴比爾斯鑽石行業洞察報告中，調查發現 36% 的女性和 39% 的 Z 世代在購買鑽石首飾時，會特別關注品牌實踐道德準則的資歷，40% 的女性與高達 50% 的 Z 世代消費者表示，了解鑽石開採過程中對礦區當地社群的積極影響，有助於提高她們購買鑽石的可能性。另一方面，當減碳議題成為友善環境的世界主流時，站在消費品頂端的珠寶飾品產業，也成了更多人關注的對象。根據 Frost & Sullivan 發布的〈毛坯金剛石生產環境影響分析〉內容中說明，培育鑽石（Laboratory Grown diamonds），因為是模擬天然鑽石的生長環境培育而成，因此生成不需要破壞地球表面，也不會產生勞工剝削的問題。

　　也因為培育鑽石具有這樣的社會意義，LVMH、Chanel、Pandora 等知名品牌均踏上接受使用培育鑽石的行列，甚至 LVMH 集團還投資培育鑽石公司 Lusix，直接將培育鑽石的地位拉升到奢侈品的標準。相較開採天然鑽石原礦所產生的有害碳排放量為每克拉 57000 克，培育鑽石每克拉僅釋放 0.028 克的碳排放，且售價約只有天然鑽石的 30% 左右，也更符合碳中和的 ESG 持續發展理念。當更多人願意接受培育鑽石的同時，就代表有更多的年輕世代，希望自己所購買到的珠寶品牌願意肩負起更高的社會責任。

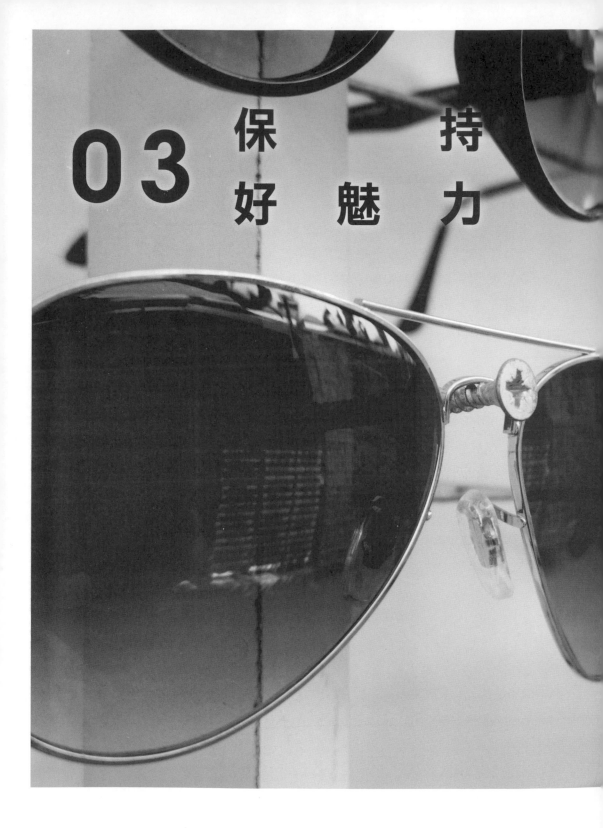

03　保持
　　好魅力

對於外在的美妝到機能性的視力調整，市場上的
品牌汰舊換新速度越來越快，我們也更希望能在不
同的需求和階段，都能獲得滿足，這時不論是通路
或是製造商，都有更多發揮的成長空間

3.1

美妝
及
藥妝品

需求轉型的契機

「後疫情時代」最大的美妝產業紅利，從口紅眼影、面膜及護膚品、香水，到整臉的彩妝用品，再加上疫後持續爆發的結婚潮，更是使從新人到伴娘、家中長輩，以及餐廳婚慶的賓客，都出現了龐大的需求。此外，像是美妝品牌的銷售人員、婚慶的新娘秘書，都是美妝產業熱門的需求職缺。

依照化妝品衛生安全管理法第一章第三條所述：「化粧品係指施於人體外部、牙齒或口腔黏膜，用以潤澤髮膚、刺激嗅覺、改善體味、修飾容貌或清潔身體之製劑。但依其他法令認屬藥物者，不在此限。」

衛福部公告的妝品範圍及種類表，則將化妝品分類為：洗髮用化妝品類、洗臉卸妝用化妝品類、沐浴用化妝品類、香皂類、頭髮用化妝品類、化妝水／油／面霜及乳液類、香氛用化妝品類、止汗制臭劑類、唇用化妝品類、覆敷用化妝品類、眼部用化妝品類、指甲用化妝品類、美白牙齒類、非藥用牙膏及漱口水類。

而依據新北市衛生局的說明，「含藥化粧品」為含有衛生福利部公告「化粧品含有醫療或毒劇藥品基準」成分之產品。而含藥化粧品本質還是化粧品，並不具有療效，含藥化粧品中的規範目的是在於規範成分在某種用途及濃度下對消費者使用的安全性而非效果。一般化粧品則無須辦理查驗登記，但其衛生標準及包裝標示仍應符合化粧品衛生管理條例的相關規定，且亦須接受食品藥物管理署及衛生局的抽驗、稽查或品質監測。

2021 年臺灣藥品、醫療及化妝品零售業銷售額達 2,270 億元，2023 年 CMRI 美妝行銷總研報告中，上半年的美妝市場臉部

保養與臉部彩妝佔據大宗，但仍可發現，其中臉部彩妝的占比，於2023上半年明顯提升；通路關注度則以專櫃和開架通路為最大宗，網路、醫療通路及專賣店則依序各有支持者。除了眼妝中的眼影、睫毛膏、眼線筆／眼線液和眉筆，是在戴口罩時期的長銷品外，其他許多產品類型都迎來新的消費需求與機會。

　　國內化妝品牌的企業數量和知名度都越來越蓬勃，一定程度上也帶動了市場佔有率，但是與國際品牌相比，仍有不小的成長的空間。本土化妝品牌的產品設計，理論上更有機會符合在地消費者的需求，但若論及品牌消費的購買信任度，在地品牌若缺乏充分持續的行銷宣傳曝光，與潛在消費者的接觸就顯得較為不利。

美 體 美 甲 的 市 場 成 長

　　隨社會環境與國民經濟水準提升，美髮美容已為多數人生活常見開銷，根據財政部統計處資料統計，112年美髮及美容美體產業總計3.5萬家、銷售額466億元，以美甲美睫業5年間翻倍增速最大。然而產業趨於成熟及市場逐漸飽和，近年家數與銷售額雖多維持成長態勢，惟5年間增幅僅分別為15.5%及23.0%。家數及銷售額占比以美髮業最高，歷年皆逾6成、美容美體業占2至3成次之；美甲美睫業占比雖不及1成，唯家數及銷售額增速驚人，已達3,523家，銷售額30億元。

　　其實回歸社交日常，我們不分男女都需要更注意自己的外顯形象，新顏值經濟也代表自我品牌的管理及形象提升，不論是臉上的彩妝、還是肌膚的保養、身上的香氛及頭皮保養，甚至是戶外的防曬及日常的保濕補水；越來越多男性對於美妝的需求也持續提升，

像是體香或是肌膚保養需求也都逐年成長，另外，男性對皮膚的深層清潔也較以往更為重視。

美容美髮的市場隨著產業發展，服務項目除了剪、燙、洗、染、護之外，更延伸出如頭皮養護。尤其現代人生活壓力大，頭皮癢、頭皮分泌過多油脂、頭皮屑增加、頭皮毛囊發炎、頭癬及落髮等問題也受到關注，像是頭皮深層洗髮、頭皮精油護理與頭皮按摩，這些需求不只女性需要，有更多男性希望能留住頭上的三千煩惱絲，也形成了別於以往的產業創新。

男子理髮修鬍的新市場

台灣男生對於理髮這件事，十之八九不會當成極為重要的事，而蓄鬍在台灣現在的消費者風氣中更算少數。不過嚴格說來，老一輩的男人還是會有上理容院的習慣，但多數是「純」理髮，甚至連染燙都算少數。因此，即使是有一定消費能力的客戶，理髮修容多半也以方便習慣為主。

相較於理髮，修容在過去的男性市場當中，更是少數中的少數。還記得我在很年輕的時候，就獲得了父母贈送的第一把刮鬍刀，直到開始蓄鬍之前，將鬍子刮乾淨就是最簡單的理容方式。一旦開始蓄鬍之後，更得時不時地修剪整理，反而需要花費更多的技巧時間，但我仍很少特別到店裡去尋求服務。

台灣的連鎖美容美髮產業，可算是市場需求龐大而成熟，以前我還在妝管科系教書時，曾教過不少深具才華的學生，不論是進入連鎖品牌，還是創業，也都紛紛順利投入市場。但市面上專門以男性理髮修容為主的品牌並不太多，而現有的多數成功品牌，比例較

高的還是以女性市場或同時服務兩性客層的店家為主。

其實，在現今男性更重視自己的外在形象與個人風格的時代，真正缺乏的其實是針對男性消費者、更貼近市場定位的溝通管道。漸漸地，市場上也開始陸續出現一些獨立的男性修容理髮店；然而在我親自上門詢問之後，有些店家居然回答不知道怎麼處理男生的中長髮！另外，也有著店面裝潢頗具特色，但在服務上略顯生澀的普遍問題。

以往不少男生會選擇連鎖美髮通路來理髮，但很少店家能夠同時提供完善的理容服務，至於平價理髮就更不用說了。然而，就算是強調重視男性理容服務的品牌，也少有能一次性提供完整專業的服務內容，或創造讓男生願意多付一點費用滿足其個人需求的理想價值。

現代人消費觀念及需求持續改變的情況之下，究竟哪個品牌能異軍突起，搶先提供合宜的男性理容美髮服務，並建立品牌忠誠度時，或許就有機會成為下一個成功的連鎖加盟男性理容美髮品牌！

美妝產業的七大機會點

我針對「新顏值經濟」未來有的機會點與商機，提供幾點給相關業者參考，趁勢把握紅利，畢竟當消費者在此時需求大增之際，抓對方向才能順風而上。

一、重新學習彩妝運用技巧

經過這幾年的變化，包含隨年紀與心態的改變，以及一段時間

沒有持續上全妝，這時往往需要專業的指導讓我們能重新快速學習妝髮技巧，才能使自己的彩妝符合現在的社交需求。

二、產品的重新採購

不少人過去使用的像是口紅、唇蜜或是腮紅、隔離霜等，會在基於衛生及給自己重新開始的心情中淘汰舊品，重新購買一些新的產品及色號。另外也有人會因為時間推進，在工作及年齡上有所成長，這時也會傾向選購更符合現在需求的新產品。

三、成分及功效強化

對護膚有特定需求的消費者而言，美白、祛痘和膚質修復的相關產品則是主要的購買項目。不少人希望自己的膚質能具備更快的恢復能力及適應性，當疫後恢復上妝日常，消費者對肌膚的保養、產品配方等都會更為重視，也因此若市場上推出了成分更天然、值得信任的口碑推薦，都有機會成為消費者優先採購的選項。

四、香氛及頭皮保養的需求

當面臨夏季酷熱，個人身上散發的味道也可能會影響社交。另外像是頭皮的保養及控油，也都能減少異味及降低外在負面印象。

此外，成分更天然或講求個性化的產品，也更容易受到消費者青睞。

五、愛情行銷的整體服務

不少美妝品牌都有相當優秀的產品,對消費者來說,品牌的選擇也包含了消費者自我情緒的價值連結,因此交往雙方從約會到婚慶的需求,及對自我形象提升的期待,品牌必需強化運用愛情行銷元素,讓消費者為了使自己更有魅力,而願意選擇我們的品牌。

六、元宇宙的線上線下結合

新時代消費者的購買方式線上線下已逐漸整合,這時不僅要繼續維持零售通路的便利性,更要使消費者容易地完成購物體驗,像是 AI 試妝、AR ／ VR 的科技的導入應用都是吸引消費者上門嘗鮮的方式;同時須顧及原本慣用電商與直播方式採購的消費者,這時,如何平衡行銷預算因應消費者的心態變化就顯得十分重要。

七、戶外露營與出遊的新品

不少人希望夏季能到戶外走走,因此能減低流汗脫妝機率與適合戶外活動的保養護膚產品、成分更天然的防曬乳液等,都會是接下來的另一波新商機。且連帶有更多人重視拍照時的自然妝感,以及親膚降低肌膚不適感的妝品,都更能受到消費者青睞。

另外清潔、精華液等對身體護理的需求也持續提高,甚至是手部、頸部等部位的細分需求,也都是消費者注意的重點。品牌業者除了滿足消費者的需求外,也必須強化社會責任意識;像是空瓶的回收機制、選用減少自然環境傷害的成分,都更能贏得消費者好

感。品牌面對消費者的溝通，也必須誠實並了解分眾所關注的議題，畢竟你我都希望在自己變美的同時，這個世界也能繼續與我們一起美麗下去。

3.2

美妝
及
藥妝通路

美妝及藥妝零售業的競爭

藥妝及化妝品零售業的通路多以複合式型態經營，商品銷售類別包括化妝品、保養品、醫療用品、藥品及營養保養品等。目前藥妝零售市場領導業者為屈臣氏 Watsons、康是美 COSMED 兩大藥妝品牌，以及主要銷售藥品、醫療用品的長青、杏一、大樹及維康等藥局通路。此外，日系的唐吉訶德 DON DON DONKI、松本清 Matsumotokiyoshi、札幌藥妝 SAPPORO DRUG STORE、Tomod's 特美事和台系的寶雅 POYA、日藥本舖等都在持續展店，讓整體市場蓬勃發展。

屈臣氏在會員經營上運用會員卡紅利制度，針對特定節慶推出特價商品及會員專屬福利，以「寵 i 卡」制度為主，持續提升消費者忠誠度。康是美則有統一集團的資源加持，英文店名 COSMED 是由化妝品 cosmetic 與藥品 medicine 之字首而來，很早在市場上就以藥妝店自居，除了持續導入新品牌之外，更是進駐統一超商或夢時代等集團零售系統以提升能見度。屈臣氏、康是美經常以促銷活動來帶動買氣，也常針對買一送一、加一元多一件的促銷方案來主打，集點加購的贈品更是與許多知名 IP 合作，希望透過知名周邊商品吸引消費者目光。

對於藥妝店來說，如何消化商品庫存是一大挑戰，像是日系品牌唐吉訶德在定價的靈活性與折扣空間的應用上，就有不錯表現。2023 年唐吉訶德已經成為僅次於柒和伊控股（7-ELEVEN 母公司）、永旺 AEON、迅銷（優衣庫母公司）的日本第四大零售集團，其成功之處在於消費者在門市的日式體驗感相當強烈，因此即便離開了日本來到台灣，仍能吸引大量偏好日系產品的消費者及國際觀

光客的青睞。

本土品牌的營運模式

本土的藥妝通路領導品牌——POYA 寶雅美妝生活百貨店以時尚美妝美材保養品及精緻的個人用品為主要商品，提供消費者便利的一站式購物模式，客群以 15 ～ 49 歲女性群族為主，其現代化的空間設計與讓人意外喜愛的廁所（？）都是不少消費者對寶雅的品牌認知。2022 年寶雅營收 194.8 億元，年增 11.5%，單月和全年營收雙創歷史新高，營收創雙高的主要原因包括展店家數創下新高、節慶需求以及人潮回流等。

透過商場陳列優化，寶雅的門店以規模大且明亮為品牌特色，有別於傳統的美妝店，商品 SKU 數（庫存單位，Stock Keeping Unit 的縮寫）的大幅增加讓消費者有更多在店停留的機會，品牌醫美及旅遊專區則提升了客單價。寶雅也著眼於利潤較高的自有品牌市場，旗下共擁有三個自有品牌，包括「PHILLIFE 菲兒」、「EXPECT 依貝摩爾」和「nature's」，商品項目以沐浴乳、女性化妝收納包及容器等為主。寶雅時常推出異國特色零食引發消費者討論，同時帶動社群分享的熱度，至於文具及玩具等其他商品，也吸納了部分家長購買給小朋友的商機。

以台灣人口數觀察，寶雅認為一般店的市場展店空間是 500店，2023 年全年營收為 220.8 億元，年增 13.4%，創歷史新高。截至 12 月底為止，全國共有 365 間寶雅、30 間寶家；2023 年還推出全新店型「POYA Beauty」形象概念店，則是想增加消費者互動。因為以往品牌發展時，以 2 至 3 級都市為主要展店區域，

集中在中南部，租金相對便宜；但在北部的持續展店計畫則是選擇主力商區，用長約的方式攤提租賃成本。

在擁有龐大會員數的情況下，推行數位行動支付「POYA Pay」，主打寶雅及寶家雙品牌會員可共同累積點數與消費回饋，也帶動了客單價提升及寶雅 APP 的使用率。透過虛實整合提供消費者更輕鬆、愉悅的購物感受，也透過持續升級的門店服務，讓消費者覺得更有期待感。

寶雅近年來的快速發展，包含增加大量生活品項銷售，讓消費者即便沒有購買彩妝或藥品的需求，仍然可以採購零食、日用品，甚至是文具等，此外寶雅的自有品牌也在不斷擴大，以獨特的視角來界定產品風格，讓消費者能夠在採購過程中擁有獨特感受，感覺更接近雜貨百貨的概念。另外在開店策略上以消費者的便利性為優先考量，承租許多位於重要商圈、十字路口附近位置較好的地點，再憑藉快速展店的模式，吸引更多消費者目光。

藥局轉型與藥妝店商機

事物往往具一體兩面，因為健康與疾病治療的需求，連鎖藥局與社區藥局大量開店成長，藉以滿足整體市場需求；而藥妝店因為彩妝等美容美體相關產品的銷售停滯，則經歷了一段冰河時期。後疫情時代則讓整體局勢逐漸翻轉，消費者對於開架式彩妝的需求回復以往，其他像是身體清潔、旅遊防曬等需求，也都帶動了藥妝店的業績。

藥局則可分為社區傳統藥局、大型連鎖藥局、健保（處方簽）藥局、藥妝店及其他，廣義的藥妝則是在藥局中出售的護膚用品、

化妝品和洗護用品,日本藥妝店的日文「 と化粧品の店」,意指「藥品及妝品店」,也就是簡稱我們的藥妝店。因此現在的藥妝店所販售的,是以藥師服務為基礎所提供的專業醫藥知識及醫療產品的延伸,至於像是清潔與生活日常用品等,則是為增加門市獲利及消費者便利的考量而引進。

據財政部統計資料顯示,2022 年西藥零售、醫療耗材零售、藥品及醫療用品零售的門市家數已達到 1 萬 584 店,藥局店數創高,且銷售額更高達 1669 億元,也改寫了歷史紀錄。其中最具競爭力的主要是連鎖藥局,由總公司統一管理,經由一致的品牌識別與管理體系,達到營運及行銷資源的最大化利用,也有的是具有一定數目以上的藥局所共同合作結盟而組成。

以店數來看,主要的藥局及藥妝店品牌,包含大樹藥局、杏一醫療用品、躍獅藥局、佑全保健藥妝、健康人生藥局與札幌藥妝、丁丁連鎖藥妝、啄木鳥藥局、台灣屈臣氏、康是美及日藥本舖。至於為什麼藥妝店更容易吸引消費者上門,其中一個主要的原因在於,店內空間的設計與購物空間,比起一般藥局更為舒適,而服務及價格也更接近一般大眾的需求。

對於整體市場來說,美容美體及營養保健產品的需求,也一直隨著時代演進而改變,消費者對於自己需要的產品,除了曾經使用過的經驗外,更多的是以靠親戚朋友與社群口碑。有趣的是,即使國內連鎖藥局發展已久,其中仍有部分熱銷產品在眾多消費者出遊日本時,依然會選擇在當地買好買滿。

借鑑日本經驗

以我實地到日本沖繩的藥妝市場考察所見，提出以下三點，作為給台灣藥局及藥妝店發展的借鏡。

一、藥妝伴手禮化：

不少日本藥妝店的目標客群為國際觀光客，店內販售的則是具有相當知名度及口碑的非處方藥品、保健食品與藥妝品，從店員的服務方式與語言溝通，到退稅流程的便利性，均使消費者能輕鬆便利的購買到價格相對優惠的相關產品，進而帶動整體的營運績效。

二、經營型態超商化：

不少藥妝店考量到消費者的其他購買需求，包含食品、日用雜貨等民生用品，部分店面不但坪數較大，且發展為觀光客在當地逗留數日時的一站式購足店面。

三、行銷誘因明確：

店內從標示到促銷文案都能使消費者快速且容易的知道自己購買達什麼金額就能得到折扣優惠，新品及促銷商品的宣傳標示更是相當清楚，充分在價格上給予消費者容易被吸引的條件與誘因。

國內的藥局在門店數量和營業額屢創新高之際，如何讓消費者持續上門，更必須規劃充分的產品優惠與價格誘因。藥妝店可借鏡

日本，在吸引觀光客的作法上，也得更精準地有效溝通，以達到預期效益。在面對國內消費者的同時，會員機制與回購提醒則必須建立在消費者感興趣的行銷方案上，才能讓我們即便在國門大開之際，仍然會優先選擇在地的品牌，而不是寄望於自己或友人出國時委託代購。

3.3

眼鏡
視光

依賴眼鏡零售業的習慣

　　當我們小時候眼睛看不清楚，通常都會先去看眼科醫生，但是在開始配戴第一副眼鏡之後，除非有特別的眼科疾病，不然自己感到視線模糊不清、影像變形、視覺出現盲點、看見亮光或閃光以及視覺色彩減弱時，到眼鏡行尋求幫助往往成了常態。

　　根據衛福部數年流行病學調查的結果顯示，在台灣 6 ～ 18 歲兒少的近視率曾一度高達 85%，媒體也曾報導台灣近視人口比例為全球第一。因此，我們的眼鏡相關產業，可說是擁有相當龐大的商機和挑戰；隨著年齡的增長，消費者有關眼鏡的需求也跟著改變與提升。2017 年國民健康訪問調查發現，國人視力健康問題的兩個關鍵時期，在 24 歲以前，罹患近視與散光之患者比率逐年隨著年齡增長而增加，18 ～ 24 的人中每 100 人有 73 人近視、42 人散光。25 歲以後近視及散光的比率逐漸減少，第二個關鍵期則是 40 歲以後，半數以上的人開始有老花眼，白內障的問題也開始明顯提升。

　　《驗光人員法施行細則》規定，6 歲以下幼童配鏡需有醫師驗光處方，預告修訂之後，6 歲到 15 歲學齡孩子的第一次配鏡也需要先看眼科醫師，以排除假性近視的狀況。也因此不少眼鏡行若是在學區附近，會與眼科診所策略聯盟。另一方面，也因為國人的平均壽命拉長，包括銀髮族使用手機或電腦的需求都仍持續，所以老花眼產品的市場更是持續發展。不少熟齡族群則為了便利，也更有意願選擇多焦點鏡片。

　　眼鏡相關產品基本上包括：鏡框、鏡片、隱形眼鏡及藥水，從光學鏡框、太陽眼鏡及隱形眼鏡的選購，再到近視、散光、遠視、

老花及漸近多焦點的鏡片需求，甚至是從隱形眼鏡延伸出包括長戴式、拋棄式、角膜變色片等類型選擇，與雙氧藥水、生 食鹽水、酵素液、人工 液潤濕液，及去蛋白片與多功能保養液等延伸商品。尤其是當消費者檢驗視力狀況需要驗光時，驗光師的工作就扮演了相當重要的角色，既可以是專業的建議者，也可以是產品及品牌的推薦者。

以鏡框來説，消費者甚至可以在網路購物時挑選好喜歡的款式，再到線下的眼鏡行配鏡片，這樣的模式通常是因為我們已有自己偏好的鏡框品牌，並將眼鏡當作時尚配件單品，根據穿著風格或是工作場合來搭配，配鏡片還是需要由專業人士來協助；不過也有很多人是配戴隱形眼鏡加純鏡框，這時還能避免拍照時反光的困擾。

國內眼鏡行業的競爭

目前估計全台販賣眼鏡店數約有 5,332 家左右，其中約 1,565 家店乃以連鎖店、量販店等十家店以上之中大型規模方式經營。「寶島眼鏡」直營及策略聯盟店超過四百六十多家，數量位居第一，排名第二的「小林眼鏡」約有二百三十多家，排名第三的「仁愛眼鏡」則約有一百一十多家，排名第四到第七分別為「得恩堂眼鏡」、「年青人眼鏡」、「OWNDAYS」及「JINS」，也都也四十到八十多家。其他連鎖為中小型連鎖，家數在四十家以下，其餘約有 3,767 家屬於地方連鎖店及單店。

立法院 104 年底完成《驗光人員法》三讀通過後，規定各眼鏡行業的驗光人員須通過考試取得證書後始得執行相關業務，主

要在提升眼鏡行業的驗光專業技術與人員素質。其中的落日條款規定，現行眼鏡行業驗光人員必須在民國 115 年前取得驗光證照，否則將不得繼續執行相關業務。

在驗光師的業務範圍，由驗光人員法第十二條第一款內容所述。

一、非侵入性之眼球屈光狀態測量及相關驗光，包含為一般隱形眼鏡配鏡所為之驗光；十五歲以下者應於眼科醫師指導下為之。但未滿六歲兒童之驗光，不得為之。
二、一般隱形眼鏡之配鏡。
三、低視力者輔助器具之教導使用。
四、其他依醫師開具之照會單或醫囑單所為之驗光。

新法通過後沒有驗光所的眼鏡行，就只能單純賣眼鏡，若擅自替民眾驗光，就是違法。雖然依法並未要求眼鏡行強制申請驗光，但多數消費者仍習慣且信賴於眼鏡行驗光同時選配眼鏡。因此除了連鎖眼鏡行開始要求店內的從業人員具備驗光師／生資格外，不少獨立眼鏡店的負責人也同時具備驗光師身分，並依法設立驗光所。

以我們常見的配鏡通路來說，傳統型眼鏡店在商品多樣性或價格上，多採區域消費客群經營，拉攏熟客建立忠誠度，同時以時間與耐性服務家庭成員一起配鏡。連鎖眼鏡店的特色則在於多樣性的鏡框選擇，更符合年輕族群的消費者需求，重視整體搭配及個性化、在乎設計與時尚感，相對的產品價格也較高，驗光服務的過程體驗及售後服務也很重要。另外拋棄式隱形眼鏡常受到年輕一代消費者的偏好，地點位在重點商圈的眼鏡店也更容易接近目標客群。

也有眼科診所設立眼鏡部，鎖定孩童市場與特殊需求的消費者，在配鏡的服務流程有眼科醫師背書的情況下，能使近視族群更為安心。例如大學光學科技的營運方式是結合旗下眼科醫療專業技術、搭配獨創專業「i 精準智能驗配術」，結合專業驗光儀器，專業「醫學驗光、科學配鏡」模式，在配鏡市場產業脫穎而出。而日本快時尚連鎖眼鏡店的來台展店，也滿足了消費者快速取件的需求，像是 OWNDAYS 主打平價時尚，結帳後顧客最快 20 分鐘就能取貨，JINS 則是門市現場配置限定度數範圍內之鏡片庫存，基本上結帳後 30 分鐘便可取件。

眼鏡相關需求隨年齡改變

2018 年我國已正式邁入國際社會定義 65 歲以上人口占總人口數 14% 以上的高齡社會；若根據國家發展委員會「中華民國人口推估（2022 年至 2070 年）」，我們將於 2025 年後步入超高齡社會。然而在許多不服老的人心中，可不是 60 歲才要開始對抗老化，更多是從初老的熟齡階段，就積極尋找解決的辦法。

國內對老年的定義，是根據行政院衛生福利部於 109 年頒布之最新修正版本《老年福利法》第一章第 2 條：「本法所稱老人，指年滿六十五歲以上之人。」也就是指「近老而未老」的族群，可稱之為初老或熟齡。日本的〈廣辭苑〉中，則定義初老（しょろう）為 40 歲──指體力的巔峰已消逝，有必要開始留心身體各部位的健康狀況者。另外我們常聽到的「熟齡」，則是泛指 45 歲到 65 歲之間。但除了年齡的區別，心態和身體機能的狀態也是影響初老消費者現實生活需求的重要考量。

　　在消費者進入初老階段時，常會因為自身條件而對「作準備」一事有很大的認知差異。像是長年仰賴閱讀進修維持自身專業能力的教師顧問，通常對視力問題會更重視，相反的，工作無須重度用眼的人士，即便視力出現了變化，也沒有急於處理的迫切性。

　　對女性來說，配戴一般的有框眼鏡或隱形眼鏡，首要考量常常是外在的個人形象美觀，且通常一次驗光後所得到的結果，會成為長時間選購隱形眼鏡的度數依據，這也有助於消費者建立習慣的品牌偏好。另外我們可以觀察到，初老階段的更多女性配戴有框眼鏡的機會提高了，消費者除了考慮年紀及持續長時間配戴隱形眼鏡的舒適感性外，也有人則是藉由眼鏡來改變造型調整自身形象。

　　對男生而言，眼鏡往往是展現個人造型及專業度的好配件，這點在初老階段更是明顯，畢竟不是人人天天都穿西裝打領帶，當從事戶外活動或工作時，有框眼鏡也是較多人的選擇。對於不諳臉型打扮、眼鏡造型的消費者來說，在挑選適合鏡框配鏡的同時，除了參考親友建議外，驗光師的推薦就顯得更重要了。

熟齡族多久沒回到眼鏡行了呢

　　台灣人的近視問題，過去曾因升學主義影響被高度討論，近十餘年來教育制度改變，雖然學生的升學壓力趨緩，但卻因 3C 產品使用頻繁，造成另一波對視力的傷害。也因此以我自己為例，年輕時平均 1、2 年就要換新眼鏡，才能看得清楚。這樣的需求又以正承受升學壓力的學生族群，及在職場高度使用電腦的熟齡就業族群最為明顯，我身邊幾乎 9 成 5 以上的朋友都有近視問題，其中部分人會因外觀及職業選擇隱形眼鏡，仍有較多人會為了便利與造

型，而選擇有框眼鏡。

　　前一陣子我正好因演講需要，基於好奇想了解身邊的熟齡友人對於配新眼鏡的需求，而做了一個小規模的調查。受訪對象包含上市公司高階主管、中小企業主及新進創業家，而年齡則落在 40 ～ 55 歲之間，得到了一些有趣的答案。我分為以下五點分享：

一、超過 2/3 的人曾到眼鏡行詢問近視散光度數增加的問題，但實際完成驗光、配新眼鏡流程的消費者卻不太多。

二、部分人曾上網查詢自己喜歡的眼鏡品牌及款式，但卻沒有前往眼鏡行購買，原因是一般眼鏡行沒有代理自己喜歡的品牌。

三、熟齡族群會擔心自己有老花問題，受訪者中曾有人在未驗光的情況下，自行嘗試購買價格低於百元以下的老花眼鏡。

四、若是在眼鏡行看到喜歡的鏡框，多半不會擔心驗光及配鏡的專業，但會詢問眼鏡跟自己的臉型、工作需求及服飾穿搭是否適配，並關心是否顯老。

五、而即便有喜歡的鏡框，也不擔心驗光專業，最後卻未能完成配鏡交易，最主要的原因在於眼鏡行在服務的過程中，無法提供理想的解答，同時受訪者也沒有「非得在這家配」的誘因。

　　當我詢問身邊一些具經濟實力的朋友配鏡相關問題，諸如眼鏡行驗光人員的驗光專業及合法證照等，得到的回答顯示這些均非影響消費決策的主因，反而是期望眼鏡行除了提供配鏡服務之外，還

能提供消費者眼鏡適合的生活型態與造型建議,這才是重要的考量。

至於原本就偏好配戴隱形眼鏡的朋友,也因為已有自己的慣用品牌,即便服務人員推薦新的品牌,也不容易更換。但當開始感到視力減退、疑似眼鏡度數不足時,就算上網查詢後認為自己的退化確實有重新驗光的需要,但最終完成重新配鏡的仍是少數。

對具經濟能力的熟齡族群來說,選購買一副精緻的手工品牌鏡框與專業鏡片不是問題,但哪家眼鏡行能在驗光專業與店內的商品、服務流程上,提供更能滿足消費者內在需求的服務,或許才足以獲得消費者認定「就是要在這家配」的忠誠支持,而不只是買好鏡框純配鏡片,或者不想面對自己變老,寧可自費亂買平價老花眼鏡就草草了事。

驗光師的元行銷溝通

《元行銷:元宇宙時代的品牌行銷策略,一切從零開始》一書中指出,以往我們會因個人學習經驗、生活歷程、成長階段等外在條件影響,對自己的職涯發展與日常消費行為加以評估,並在過程中不斷地做出選擇。尤其從市場上許多快速崛起的新創公司、老品牌接班新創第二代,及成功倡議的非營利組織中可以看到,不少主要領導者和行銷人,本身都是重度消費者。

當從業的驗光師,隨著年齡與執業時間增長,自己也步入熟齡階段時,儘管自己跟消費者的生活型態與經濟條件不盡相同,但若能掌握到自己面對視力減退時所產生的心理跟生理需求,提出適當的問題解決方案;透過對消費者「感同身受」的理解,不但能幫助

顧客適應初老症狀，也能提供符合使用者需求的產品銷售建議，共創實質的互惠利益。

市場的規模與消費者需求

根據「寶島眼鏡公司」2022 年的股東會年報資料，一般眼鏡的營業額大約為 190 ～ 200 億元，隱形眼鏡和藥水則是 70 ～ 80 億元，合計為 260 ～ 280 億元，單以該集團加計策略聯盟店的營業額，初估佔市場總額的 20% 左右。從另一個層面來看，據行政院衛生署資料統計顯示，全台近視人口約近 1,150 萬人，大概占總人口數的 50%。社會邁向熟齡化更使得 40 歲以上的初老消費者，已成為眼鏡市場的主要客群。

不論是身體機能上或心理狀態上的初老，都會為消費者帶來明顯的變化。有人會感到因長期工作與生活習慣導致眼睛不適、視線模糊；也有人純粹因個人生涯階段性發展，在一定經濟基礎的社交需求下，尋求透過品牌眼鏡為個人重塑造型，甚至為此改變習慣，開始或停止配戴隱形眼鏡。然而這些情況下都必須前往眼鏡店，以尋求驗光師的專業建議和幫助。

通常初老階段的消費者，佩戴眼鏡已有相當經驗，因此在接受驗光與眼鏡銷售服務時，服務人員的專業態度與服務品質相對的就更為重要。尤其當消費者同時有健身運動、職場工作需求，還想兼顧時尚搭配等考量時，若業者單純針對功能性進行溝通，則可能無法留住消費者。另外，不少眼鏡連鎖品牌也持續在店面裝潢與行銷手法上創新，吸引內心常保年輕的資深型男靚女，更有意願支持回購。

　　舉例來說，不少初老族開始擔心，開車時若因駕駛視力問題，很可能產生安全風險，此外由於生活中對智慧型手機及電腦的重度依賴，會對視力產生負面影響，多數初老族必須一邊努力賺錢，支應自己和家人的開銷，一邊又期望能在紓解壓力（追劇）時能自由使用眼睛，若能經由驗光師以專業適時給予支持建議與陪伴，也能幫助初老族面對視力退化的焦慮，進而更加深對驗光師的信任。

行銷溝通的應用

　　多數 55 ～ 64 歲的熟齡者消費都覺得自己的身體狀況還能維持一定水平，除非真的看不清楚，不然不太願意更換常戴的眼鏡；但也因為這樣惜物，認為還堪用的就不急著更換，甚至拒絕改變現狀，因此產生不少除非萬不得已，才肯面對自己的老化，接受老花眼等視力問題的消費者現象。

　　對於初老族群而言，對於在眼鏡行接受驗光檢驗視力的技術流程並不陌生，然而驗光師如何在與消費者在溝通的過程中強化其認同感，可以從強調產品的價值與突顯產品差異性著手。像是什麼樣的鏡片更適合特定的功能場域，或是造型獨特的鏡框要怎麼挑選才會適合臉型。若業者引進了主力的高價品牌或廣告主推商品，也可以從產品優勢或 CP 值的角度切入介紹。另外，在社群媒體越顯重要的這個年代，透過網路社群與消費者維持良性互動也是必須，適時提供健康新知與護眼資訊給初老的目標客群，或提醒消費者定期回店維修調整眼鏡，都是不錯的做法。

　　至於媒體廣告的運用對消費者來說，仍具相當程度的提醒效益，像是推出聯名鏡框品牌，或是服務升級的方案。透過新聞報導

的公關議題操作及社群媒體合作曝光,更能符合初老族群消費者的資訊接收習慣。

提早建立關係與信任

有不少社區型的眼鏡店及驗光所,雖然沒有大型連鎖品牌的行銷資源,但若能長期經營既有的消費客層,擁有邁向初老的忠誠常客,就能提早服務進行顧客關係管理,陪伴客戶從初老走向熟齡,在過程中提供必要協助,成為消費者信任的最佳視力問題諮商顧問。甚至為有高度用眼需求持續進修的消費者提供更有效的用眼建議,避免過度指責,透過引導協助消費者養成健康的用眼習慣。

學習從不同層面更多元的協助初老的消費者,因應未來可能面對的生活需求與視力問題,可說是熟齡驗光師的絕佳機會,更是建立新型態服務的切入點。若能從健康改變的心理狀態及情緒波動上以同理心感同身受的照顧到顧客的需要,這樣的關懷對消費者而言,正是熟齡朋友最受用的。

也由於視力減退這樣的初老症狀多半是熟齡族群有所顧慮、較不願與親友同事討論的話題,因此當消費者在透過社群媒體尋找參考資訊的同時,若有信任的驗光師朋友能提供專業且周全的服務,同理初老族群的需求,建立品牌與目標客群的良性溝通,就能達到雙方長期互惠的合作關係。

04 文化
新主流

　　玩具讓消費者感受到開心、閱讀與文化知識讓人心靈富足，但是產業的挑戰持續加速，也讓經營者必須更小心未來的發展和風險。

4.1

玩具
產業

療癒人心的玩具商機

各種的壓力讓你我心中，多少都會有鬱悶無奈的感覺，人生有許多難以理解的困境，即使我們有心解決，但談何容易？這時若能透過其他管道來紓解壓力，像是收藏擁有可愛的玩具，或多或少都幫助了心靈療癒。

50 到 70 年代，正是國內維持經濟起飛的後半時期，不少家長會在小朋友生日、考 100 分或兒童節時，不吝嗇地帶孩子到玩具反斗城或百貨公司，以玩具作為獎勵。近年來雖然玩具的選購管道更為多元，小朋友除了玩具也有了更多其他誘惑，因此這樣的儀式感也有慢慢減少的趨勢。

早期的玩具公仔常有一些缺點，像是出現油光、黃化及脆化等問題，隨著玩具製作技術進步及多元的材料應用，不論在公仔的安全性及保存上都更為友善。在玩具類別中，我們常聽到的例如可動模型。這是指具備可動關節的模型玩具，分為既成品與組裝模型，既可以收藏、也可直接把玩。

另外雕像及景品則是不可動玩具的塗裝完成品。「扭蛋 Gacha」的名稱由來指的是扭蛋掉下來時的碰撞聲；這個名字已經被 BANDAI 萬代公司註冊，推出多半是造型小巧有趣或稍大的盒玩（盒裝玩具）與食玩（食物造型玩具）扭蛋，價格也有不同。

玩具的類型

隨著時代變化，從過去卡通、動漫電影所延伸出的角色玩具，到現在更多潮流文化的設計師公仔，越來越多的玩具成了消費者的

心頭好！除了比例較大的可動玩具外，扭蛋及盒玩也因為價格較低、體型較小、不占空間，也更容易讓人入手購買。

通常盒玩的產品包裝無法讓消費者透過外包裝目測得知自己買到的是哪一款玩具內容，使消費者在選購的同時還帶有抽籤的樂趣與驚奇感；但也有廠商是開放整大盒購買，除了能確保一次購足基本角色外，也更有機會獲得稀有的隱藏款。然而對單純好奇嘗鮮的消費者來說，則會選擇單盒購買的方式小試手氣。透過這樣的設計使消費者更容易在玩具收集與分享的行為上展現其獨特個性，盲盒的不確定性也滿足了消費者在購買時所帶來的驚喜感。

至於扭蛋則是將玩具先放入塑膠殼中，透過投幣後轉動開關，蛋殼落下就能獲得隨機的商品，也因為擺放在扭蛋機器內的商品款式是隨機的，所以也常會有人為了收集到整套喜歡的玩具角色，不斷地重複投幣消費。當然也有不少店家會販售整套的扭蛋玩具，雖然價格可能較高，但也降低了喜歡蒐集的消費者買到重複角色的風險。不過相較於盲盒銷售，扭蛋機的設置更為容易，所以不論是便利商店或是人潮洶湧的熱鬧商圈，都更方便買到扭蛋作為娛樂。

也因為我們買扭蛋及盒玩時是以隨機的型態購買，所以可能會買到重複的角色，希望能與他人交換；另外也有不少同好會分享自己的戰利品，將自己收藏的興趣轉變為社交行為，透過社群媒體的社團來交流互動，甚至成立粉絲專頁、撰寫專欄文章，也讓更多感興趣的人可經由閱讀帶來更多的討論並建立認同感。

像是 POP MART 在銷售上設立專賣店及自動販賣機，地點都選在人潮較多的購物中心或一級商圈，店面的裝潢設計則會以明亮燈光和新潮的盲盒陳列方式來展現出時尚和精緻度。玩具本身主要分為設計師 IP 和品牌聯名 IP，設計師 IP 強調個人風格與特定的文

化轉譯，收藏者多是喜愛潮流文化與偏好玩具獨特性的收藏者；品牌聯名 IP 則是將原有像是迪士尼旗下的動畫角色，用特定主題與創意再設計，主要購買者也以對原角色偏好的消費者居多。

至於絨毛玩具，從 IKEA 鯊魚、芝麻街的 elmo 大鳥，到迪士尼的草莓熊、三麗鷗的 Hello Kitty 與好朋友們，絨毛玩具成了消費者陪伴收藏的玩具選項，不少年輕人在上班時身上抱著一隻絨毛大鵝，彷彿有了牠的陪伴便成了度過職場辛苦生活的療癒方式，透過社群的分享，擁有絨毛玩具擁入懷中的鏡頭照片，也成了群體認同的連結方式。

搜集收藏玩具的原因

然而有些特殊的玩具角色，並不容易集到，也讓想收藏擁有這些公仔的消費者，願意付出更高的代價來收購，也對那些抽中獲得限量版、擁有整套的收藏品的其他消費者帶來更多羨慕與忌妒，同時希望自己也能有機會擁有。當看到櫃子上擺滿了系列完整的公仔收藏時，愛好者不但得到自我療癒，偶而看到所擁有的公仔收購價格提高，還會覺得自己眼光很好，做了不錯的投資！

從療癒商機的角度來說，消費者透過購買的行為建立了「擁有」的關係，即使並非著眼於實用性的考量，所收集到的不過是了許多人眼中的「小廢物」，卻能因自我滿足而賦予這些玩具新的價值。而從商業角度思考，有些受歡迎的扭蛋盒玩公仔角色，就是能吸引對其有狂熱的愛好者，願意付出許多心思與代價來尋找收集。

對於玩具產業而言，吸引消費者購買是基礎門檻，但是要進階到「搜集」、「收藏」，就不是一件容易的事。其實我身邊多數的

收藏者，對於收藏主題和購買標的，是在不知不覺中開始，有的是小時候就開始購買，有的則是親友贈送後逐漸累積，但是能夠對特定主題持續收藏的消費者，不但要付出相當程度的金錢，更要持續保有對於收藏主題的喜愛。收藏者對於喜愛的玩具，往往會有特殊情感，因此在收藏時對如何保存及展示收藏，也會更加在意。

　　一旦進入搜集的收藏階段，程度就不一樣了，收藏者對於能否將主題玩具給收齊，會有更深的執著，也願意花更多時間去了解收集方式與作品相關知識。這時入手玩具的途徑除了是到店面或網路直購，也可能是經由同好割愛入手，甚至是到跳蚤市場與二手市集碰運氣。而在玩具收集同好眼中，收藏大老等領域專家更備受關注，其中收藏價值高或數量龐大者，甚至曾接受電視節目專訪。透過同好社群的交流，在想收齊特定系列或主題時，除了付出更多的費用，也可能以相互交換的方式各取所需，這也使收藏同好社群連結更為緊密。

　　也因此，當廠商推出特定稀有角色及限量商品時，消費者肯積極的徹夜排隊等待購買，也願出高價在網路上徵求割愛，有的玩具甚至隨著收藏時間價格水漲船高，這更導致了消費者願意投入更多的時間金錢，也因此當消費者預期能獲得的商品無法如願時，將產生巨大的負面反應。

　　收集同類物品的消費者在某些層面上彼此是競合關係，不但會相互比較所擁有之相同收藏品的品項完整性，當發現稀有限量的玩具時，更會傾向用自己的方式優先取得。當自己想要收集的品項對方已經擁有或收藏領域不同時，這樣的收藏秘招才可能持續在玩具同好間流傳。也因此，在玩具收藏同好之間，越樂於分享玩具取得資訊、甚至肯割愛者越受歡迎，但這樣的人畢竟是少數。

　　越來越多人會買自己喜歡的公仔或扭蛋盒玩，但要真能達到療癒效果才是重點，畢竟當家裡跟辦公室桌上都擺滿了玩具，自己卻依然覺得空虛寂寞時，這可就喪失了購買的初衷。

玩具產業的轉型關鍵

　　曾經，民國 60 年代，在美系與日系品牌的挹注下，台灣靠著玩具代工生產成為當時全球數一數二的玩具製造大國。龐大的訂單帶動了國內的經濟發展，同時也累積出不少日後台灣本土玩具產業發展的基礎；像是美系品牌的美泰兒 Mattel、樂高 LEGO、孩之寶 Hasbro，或日系品牌萬代 BANDAI、多美 TOMY 等。早期的玩具產業代工仰賴的是當時本地較為廉價的勞工，同時生產製程的環保法規也沒有現在嚴格，配合發展自有版權能力強的國外品牌，尚能持續維持產能規模，並達到國際曝光。

　　但是當過國外品牌因台灣人工成本提升以及環保法規越趨嚴格，而不再將生產重心放在台灣時，當時的台灣玩具產業沒有足夠的自有版權能發展成完整產業鏈，部分的生產廠商只能選擇轉型，甚至生產有版權爭議的盜版玩具。我曾任職於動漫公司，深刻了解到當時的台灣玩具產業並非不願生產本土版權周邊，但不論是面對日本動漫的發展規模的競爭，還是美系玩具審美觀的差異，彼時台灣動漫產業仍不具備國際市場的競爭能力，故當時的玩具生產商實無法倚靠本土動漫產業為後盾，來達到自我轉型的目的。

　　至於台灣本地的消費者其實也有很長一段時間收藏的都是美系日系動漫作品為主，包括日系機動戰士鋼彈、聖鬥士星矢、魔神英雄傳、美系的太空超人、忍者龜、星際大戰等，這些知名 IP 對消

費者都有紀念懷舊的收藏意義。而真人化的日系特攝，像是假面騎士、戰隊及超人力霸王，更是為當時的電視台及錄影帶出租業帶來相當顯著的收視效益。也因此，自然在當時的台灣玩具市場上，販售與流行的都是舶來品，台灣的玩具製造業只能接一些年齡層更低的生活教育玩具或是持續爭取國際品牌代工的機會。

　　儘管玩具產業在消費市場中持續成長，不過還是屬於非民生必需品。像是日本的壽屋玩具公司賣給了朝日電視臺；SpinMaster收購益智玩具公司Melissa & Doug，也代表了產業仍在持續重整。美泰兒的產品分為娃娃類產品、汽車玩具類產品、面向嬰幼兒和學齡前兒童產品以及可動人偶、建築套裝、遊戲和其他類產品，芭比娃娃與風火輪小汽車仍然是當代消費者的舊愛與新歡，尤其《芭比》在 IP 影視化之後帶來了熱潮，也為品牌的再造帶來助力。

玩具商機在台灣

　　在日本動畫的帶動下，機動戰士鋼彈、寶可夢、數碼寶貝、航海王、七龍珠等多部作品所延伸出的玩具商機，都能持續維持市場熱度，另外像是吉翁軍薩克的組合模型、戰鬥陀螺、四驅車或是遊戲王卡片，都讓玩具市場蓬勃發展。由於經濟持續發展，收藏家們擁有更多的「銀彈」，遊戲業者對於周邊商品及公仔的製作和設計要求水平提升，甚至有不少玩具已成為高價的收藏品，這也是種藝術奢侈品的呈現型態。

　　對於沒有足夠時間建立累積消費者對版權IP的認知與偏好時，這樣的商品便無法吸引消費者像收集熟悉的美日系作品一般衝動。從線上平台的銷售狀況就可以發現，台灣本土版權的玩具銷售受到

的衝擊與影響，明顯比那些有動畫、漫畫、小說影集，甚至電影的美日系玩具更為劇烈。也因此台灣的玩具產業不只是實體的銷售受到衝擊，在數位環境中與消費者的溝通行銷，更得要一併思考。

　　玩具設計的重點不只是產品本身，更重要的是賦予作品故事與意義，讓角色更立體的呈現，也讓消費者能夠有深度的去認識喜愛。也因為越來越多的知名動漫 IP、玩具設計師與藝術家跨界合作，加上動漫文化在台灣已被廣為接受，收藏玩具的消費者數量大幅提升，連帶像是快閃店的出現及海外玩具品牌的進駐，都讓更多不同的消費者加入了購買行列，也連帶地創造更龐大的公仔商機。

　　購買玩具的消費者也從單純感覺有趣的族群，到業餘玩家，甚至是專業收藏家，在生活中對玩具的消費，也成了不少人的日常。從夾娃娃機、扭蛋機、便利超商集點到玩具專賣店、網購，玩具的購買也更為便利。玩具的材質種類、創作類型、設計題材及造型風格更是越來越多元。但我認為真正能吸引消費者入手的，還是會回歸市場機制；像是知名 IP、有趣療癒，或投資保值等主要因素。

　　如今當代的消費者，對於玩具的購買有了更多元的理解，這點於玩具公司既是機會也是挑戰，能夠成功的 IP 其實並不多，在消費者的慾望多元且不易掌控下，真能讓消費者看對眼，不但喜歡且願意搜集收藏，就能為品牌帶來實質的營收，也能鼓勵更多的設計師、原型師投入，這對整體玩具市場的蓬勃發展，能帶來更長遠的影響。

本土玩具的發展

　　根據 2023 第 22 屆漫畫博覽會活動主辦單位統計，展期五天

的總參觀人數可達 64 萬人，同年第 11 屆台北國際動漫節的累計參觀人次達 34 萬人，第 20 屆台北國際玩具創作大展搭上雙十連假，現場超過 500 公尺人的排隊人潮，都反映出台灣消費者對於動漫及玩具商品的高度支持與購買力。另外根據《超越潮流：千億級潮玩產業彰顯人文經濟價值——潮玩產業發展報告（2023）》，潮玩全球市場規模預計 2023 年可接近 400 億美元、2024 年達到 448 億美元。中國潮流玩具預計 2022～2026 年間行業複合年均增長率將達 24%，2026 年零售額將達到 1101 億元。

台灣萬代南夢宮公司總經理兼董事長木村五史也曾指出，台灣每年約有 30 億日幣的鋼彈模型市場規模，該公司近年來也舉辦了許多比賽，更培養了眾多對於製作鋼彈模型感興趣的消費者；從新手適合從什麼機型與模型等級入門、相關工具的選擇及使用方式、上漆或改裝的表現等等，更促成了不少同好交流社群，甚至是樂於分享心得的 KOL 也因此受到關注。

有幸的是近 10 年來，因為數位環境的興起，以及創作者對於智慧財產權的重視，台灣本土的玩具廠商開始找到新的商業模式。像是研達國際、牛奶玩具、夥伴玩具、路遙圓創等公司，透過協助只有數位圖像的網路插畫家設計生產扭蛋及盒玩、與本土的新銳設計師共同開發有國際話題的設計師公仔，甚至是直接與國際動漫品牌接軌，進行聯名設計生產玩具。

台灣本土的玩具生產設計產業在經歷代工、實體轉型到版權設計開發，也花了不少時間才站上市場舞台，本地 IP 的普及化也使得更多台灣的消費者除了關注美日系角色玩具外，像是 TTF 台北國際玩具創作大展的話題性曝光、遍地可見的扭蛋機與盒玩販賣通路，甚至是超商及手搖茶店的聯名，都讓本土的動漫版權及玩具產

業有了更多的發展機會，使得近年來包含香港及對岸也開始有消費
者關注台灣的本土玩具。儘管玩具產業不是民生用品，帶給人心的
療癒和安慰仍然無遠弗屆。

別讓盜版玩具摧毀孩子的創造力

　　我曾於輔導玩具產業的客戶時，觀察到不少家長會在兒童節買
玩具送給孩子，有趣的是，當前往有別於百貨公司及玩具專賣店，
到達所謂的臨時性玩具賣場時，往往能發現不少「相似品」或「仿
冒品」，說穿了就是盜版。朋友夫妻正因此跟女兒差點吵了起來，
重點在於孩子認為玩具是仿冒的，要是被同學看到會很丟臉。

　　由於台灣曾是玩具代工製造的重要基地，有很長一段時間不少
知名品牌玩具都是在國內生產，像是五年級生到七年級生的童年，
買到國內工廠生產的盜版玩具可能常常發生，甚至像一些傳統的小
書店或雜貨舖，至今偶而也仍能看到長得像日系或美系玩具大廠的
知名角色所生產的類似產品。

　　當時的環境台灣經濟雖然面臨起飛，但願意花正版的價格購買
玩具的家長還是有限，然而當時至少開始有越來越多的人意識到版
權觀念的重要性。尤其是對並非生活在都市且缺乏同儕交流的孩子
來說，自己的玩具好玩就好，是不是原廠正版並不重要。但隨著時
代進步，現今 12 歲以下小朋友多半都能分辨且在意自己的玩具是
否為正版了。

　　這個時代的小朋友在意自己擁有的玩具是不是正版的原因，除
了同儕意識外，還有一個很重要的原因，就是網路時代的興起。不
少玩具商早早從動畫的製作、親子台的置入，到各種實體活動的舉

辦，都能讓小朋友清楚意識到，自己手上的玩具是不是電視網路上介紹的正版真品；這點代表的正面意義是——就連小朋友能都明白，真正的創意是值得付出一定金額代價才能擁有的。

就如同近幾年來，國內本土的玩具設計師與公司發展越來越蓬勃，也推出不少本土的盒玩、模型或是精緻公仔，價格都不輸日美系的大廠品牌。當消費者願意付出更多金額實質支持創新價值時，才能使產業順利持續發展。因此，讓年幼的孩子意識到自己該擁有正版玩具一事，還是值得鼓勵的。

當我們在討論國內文化創意產業，尤其對新創的 IP 商品有所期待時，很重要的概念在於消費者本身，應從自己所擁有的產品開始認識品牌。《獲利的金鑰：品牌再造與創新》書中提到，品牌文化的建立就是回歸消費者的覺醒，進而影響品牌的再塑造。當孩子對自己的玩具該有什麼價值有所認知時，之後不論是在高中職或大學，也才會對自己所喜歡的事物創造更多的可能性。

故事的最後，儘管我那對朋友夫妻還是選擇了類似款非授權玩具給孩子結帳，或許真是因為正版太昂貴，超過家長所能負荷，也可能是孩子接受了玩具不至被同學嘲笑的說法；最終，能看到一家人開心在櫃台旁合照的畫面，或許才是玩具在兒童節最重要的節慶意義。

4.2

書店
產業

實體書店的產業轉型

2023 年 11 月，從小陪伴我一起長大的金石堂永康商圈門市結束營業，同年 12 月 24 日平安夜，誠品書店信義店也畫下了句點。雖說原因各有不同，但對出了九本書的我來說，每次逛書店時總會去看看自己的書，有沒有好好被陳列推薦，又或是看到讀者將書拿在手上準備去結帳的感動，也隨著時代的眼淚暫時止歇。

在時代的洪流下，不時聽聞市場每年遞減的實體書籍銷量、書店決定結束營業的消息，當金石堂從全盛時期的百家門店，到目前僅剩四十餘家，總會有人擔心的提出，台灣的文化產業是否能找到一條新的道路？然而在此同時，「誠品生活」走進了社區及古蹟場域，開設了新型態的書店店型，日系的蔦屋書店大張旗鼓的插旗更多城市開店……這時或許我們或許應該更進一步思考，究竟對現代的消費者來說，「書店」未來將以什麼樣的形式存在發展呢？

金石堂與誠品書店近年來雖然積極拓展電商通路，但相較於博客來及 MOMO 購物網，書籍銷售的營業額早已被遠遠超越。然而實體書店的體驗與氛圍，確實是購書人無可取代的消費感受。儘管當時 1983 年金石堂書店在公館汀洲路開設第一家具指標性意義的現代書店「金石文化廣場」，誠品書店的第一家店則於 1989 年坐落在臺北市仁愛敦南圓環後開幕，現已結束營運，1995 年時還曾遷至敦南金融大樓，並成為全球首間廿四小時營業的書店。

實體書店的發展歷程

現存的書店類型大致分成傳統式書店、社區書店、大學書店、

文化特色書店、城市地標書店及綜合商場書店。還記得 2001 年時，台灣最大的連鎖書店金石堂店數達到百店，不但創下單一品牌書店數量紀錄，也見證了當時消費者對上書店買書的風潮。而在彼時在實體店鋪數量較少的誠品書店，選擇了提升物流倉儲事業的發展，並積極的規劃佈局複合式經營的店型。

除了兩大連鎖書店系統外，專攻校園書店的敦煌書局、車站附近常見的諾貝爾書局及墊腳石圖書文化廣場，均可說是各霸一方，甚至更早期的新學友，也曾是深受消費者支持的書店品牌，可惜之後遭遇風災重創，又因品牌轉型與經營問題而消失在實體戰場中。

在那個手機並不普及，連筆電及高速上網都是高階商務人士才用得起的年代，當時廣設大學及高普考的風氣興盛，因此書店只要能穩住高中到大學的目標族群市場，就能有一定的獲利空間。再加上暢銷商業書籍帶動的買氣，就能使書店的營收有不錯的表現。另外像是許多生活類、旅遊以及設計類的實體書籍，都相當炙手可熱，甚至連暢銷小說與漫畫也是書店的熱門商品。透過實體書店與消費者接觸，成為實體書籍與出版社最重要的銷售機會。

當時市場兩大書店品牌的經營策略分歧，我認為關鍵就在於雙方對「閱讀」這件事的觀點有所差異。誠品不只是以書店作為品牌定位，而是想針對消費者全面性的滿足生活風格，書籍只是其中之一的重要選項，也因此誠品逐漸走向生活風格型態的百貨公司模式經營，可說是必然的結果。然而金石堂書店則有很長的一段時間，過於著重消費者在「書籍」本身的連結；包括編輯發行「出版情報」、挑選「金石堂年度大賞」推薦書單，雖然看似能提高消費者將注意力更關注在書籍，但一方面消費者無法在書店門市完成一站式購買，另一方面刻意重視指標性出版社的結果，也讓許多新興出

版社及作者，感受不到書店的善意。

其實在那個時候，連鎖書店的獲利已持續衰退，像是一例一休的人事成本增加，及黃金位置的店面租金偏高等壓力，更是直接導致了許多曾經記憶中的書店消失。像是金石堂城中店、之前的忠孝店，或是誠品台東故事館。雖然誠品書店信義店是因為零售業之間的競爭而導致結束營運，但面臨更嚴峻挑戰的則是過去以書籍銷售為主的實體書店，在消費者需求改變及競爭激烈的環境衝擊下，業者接受整個零售產業的發展趨勢跟著調整營業模式也是必然的結果。

書店內容的組成變化

一家實體書店的營運成本包含商品採購、店面租金、人事費用及倉儲物流，其中傳統書店的商品採購成本甚至高達整體成本的五至六成。實體書籍占據相當大的店內陳列空間，書籍的分類方式也讓人不容易找到自己想看的書，店員的服務水準也不盡然一致。由於空間應用過於擁擠，導致消費者除了功能性購書外，並不喜歡在書店停留太久，這點直到像是新一代的誠品書店出現及部分改裝後的金石堂因擁有較大的閱讀停留空間與文化氛圍，才使消費者改觀更有在店內停留的意願，但卻也造成了許多人只看不買的窘境。

接下來智慧型手機改變了消費者的閱讀習慣，數位化過程造成文具用品的銷售下滑，而少子化及消費者實體閱讀的機會不若以往，這些原因都使得實體書的銷售衰退，甚至連帶影響了包含文具或是筆記本等工具的銷售。

進駐學校的書店雖然尚有教科書得以支撐，但不少學校取消了

統一訂書的規定，使得不少校園書店經常門可羅雀，僅為了服務開學初期的需求而存在。商業或是應用類的實體書籍，更因為搜尋網站崛起，提供了大量的免費知識，導致過去不少暢銷書籍的內容，都可以在影音平臺、社群網站上獲得，造成了難以出現以往大賣的暢銷作品，脫離社會大眾理解的選書機制，也常常造成消費者無法完全認同。

　　就現實層面來說，書籍的銷售金額雖然相對較高，但毛利率卻不及像是文具周邊、進口玩具，甚至公事包、書包這些品類，所以金石堂還曾經在忠孝店擁有專門的文具館，連帶銷售書籍的實體書店，營運必須透過減少庫存以及調整品類占比來存活。提升從生活小物到節慶道具，甚至糖果餅乾以及更多的模型玩具的銷售占比，實體書籍區域則逐漸降低到少於一半或三分之一，而大型複合書店的營收也更倚賴餐飲收入，或是店中店的租金補貼生存。

書店文化的意義與價值

　　事實上，若回歸文化本質，消費者買書讀書並不只是因為需要，在知識爆炸的時代，更像是做為自我成長，或是贈禮收藏的一環，也因此書店成為以「文化內涵」為媒介的新型態商場空間，其功能與目的也就必須更加多元，而且仍為消費者提供了足夠的文化內涵。有越來越多的消費者到書店選購的是書籍以外的商品，甚至包含生活用品及餐食的購買，這都展現出自身的價值觀與他人的不同，像是在書店能買到具設計感的盒裝農產品，或是特定進駐書店的品牌咖啡店。實體書店已從銷售門市變成一種文化公共空間，透過整體氛圍的營造，讓人能擁有產生文化共鳴感的機會。

有的書店即使長期舉辦文化沙龍、論壇講座等文化活動，卻仍不易建立與消費者之間的互動性和參與感，其中很重要的原因也在於空間場域的環境，和書店品牌本身的用心程度。實體書店的本質是「場景體驗」的延伸，從過去書店大量的書籍陳列堆疊，到融合了生活用品、文創農業產品及餐飲服務，環境整體的設計感也會讓文化氛圍提升，書店開設的位置若能與更多地方景點、古蹟再利用相結合，消費者方能透過「文化空間」的連結，將實體書店當作是另外一種超市或是百貨公司的休憩空間。

因此實體書店的空間營造也開始逐漸調整，因應多元業態的運用，使座位區的設置不再只是用來等待，加入能帶來獲利的餐飲服務是品牌生存下去的助力，大量增加書店中進駐的品牌櫃位，分攤降低了龐大的租金成本；將更多的書籍轉為線上銷售，也減少了實際空間的庫存壓力，又能保存一定程度的品牌核心。打造提供銷售電商與實體閱讀空間的連結，滿足消費者的多元化需求，便能提升品牌獲利的機會。

品牌營運能力決定生存方式

現在的誠品其實不論是松菸還是信義都是以類似百貨公司的型態生存，百貨型態的書店加入餐飲、服飾及手工藝等專櫃進駐，以及多元特色文化產品銷售，提升其盈利空間並且降低營運風險，當文化百貨的型態運作順利之後，甚至包含表演、戲劇及電影等與文化相關元素都能結合。

至於日商蔦屋書店所帶起的風潮，來自於其品牌特殊的主題分類法，根據品牌風格「以最優化商品組合進行賣場規劃」，按照消

費者需求針對像是文學、藝術、建築、料理和旅行等獨立空間，並隨生活場景放置關聯產品。例如在料理主題相關書籍旁邊，擺設廚房用具等相關商品，或是在旅遊主題中結合旅遊工具書及旅行箱等，讓消費者在購買商品時可更具主題性及便利性。

更進一步，品牌可以打造成特色書店，成為所在城市的文化地標。透過限定區域的商品引進與主題規劃，吸引更具有回購率的消費者群體。社區書店定位的顧客關係管理上，實體書店可以跟據社區居民的獨特需求，舉辦更多在地性的社區活動，透過線上購買線下取貨的模式，不但降低了店內的庫存壓力，也提升了空間的使用轉換率。獨特的門店設計與城市文化密切融合，吸引消費者願意前往拍照打卡，空間設計更融合文化元素及設計感，讓消費者產生共鳴與認同，延長在書店裡的停留時間，進而增加消費的機會。

連鎖書店的總部營運能力，也影響了現在主力實體書店的品牌發展與獲利能力，透過市場調查了解消費者的生活形態與需求，進行不同門店的品類組成、商品選擇以及展示陳列。當各店能更容易地調整提供給消費者的產品及服務時，也能減緩庫存管理上所帶來的壓力。

擁有一家 24 小時的書店，對許多人在情感層面上的感受相當重要，但從敦南誠品到信義誠品，我們多數時候雖然看得到滿滿的人潮，卻不見得等於實際的消費力。若讀者真的喜歡的是閱讀，那還有蔦屋書店、金石堂，甚至是博客來網路書店都可以入手自己喜歡的書籍，總有人感慨時代的眼淚，最終大家仍需回歸消費需求做出選擇。

數位時代的消費者閱讀習慣，透過網路書店解決了許多單純購買書籍的需求，未來的實體書店在空間的再應用以及銷售品類的選

擇上，勢必得繼續思考如何做出調整，以因應消費者更多元的需求。現今的實體書店經營模式核心是場域體驗，構建出滿足現代消費者訴求的環境場域，就能提升自身的商業價值和品牌價值。對消費者來說，書店品牌仍被賦予文化承載的意義，如何在市場生存與品牌價值中找到平衡才是關鍵。

未來實體書店的數位機會

就書店數位化的發展策略而言，小型傳統書店在發展上較為遲滯，大型連鎖書店則是在實體銷售與線上自有平台間，平衡消費者的購買意願；尤其是面對電商的低價策略，金石堂網路書店甚至進駐蝦皮購物，與之結盟成為競合關係。面對包含博客來、MOMO購物平台等純數位的銷售管道，實體書店確實不能只靠價格戰來吸引消費者，真正的價值還是讓消費者可以透過包含虛擬實境、線上倒流實體的特色活動，來達到消費者願意到店面消費及體驗的機會。

實體書店能夠讓消費者在線上完成產品本身的購買，但是在線下經由空間的轉型再利用，並結合會員的資料管理，更精準的推出讓人想要主動到訪的議題。另外更可以運用新科技導入擴增實境，將具有歷史及時代意義的書店品牌故事，結合空間來再次呈現，也讓四、五、六年級生有機會重溫回憶，畢竟這個族群也曾經是書店的主力客群。

同時各書店的分店也能更積極地經營自己的線上社群，針對性的進行選品和行銷，滿足區域型消費者多元分散的需求，經由客訂及主題推廣的方式，來減低實體店庫存與退書的壓力。同時透過社

群與數位管道的溝通，創造吸引年輕消費者興趣的機會，尤其是越來越多 Z 世代對特殊的拍照空間，以及更與之切身相關的議題，都是促使年輕族群願意上門拜訪甚至消費的機會。

電商通路 MOMO 購物網快速擴張，再加上 PChome 持續強化競爭力度，博客來網路書店的經營更加辛苦，還好仍然有統一集團的資源支撐。而電商最大的優勢就是數位會員的大數據應用，在消費者對圖書文化商品感興趣購買的同時，推薦其他相關生活類產品，在給予優惠的同時也達到提升營業額的目的。以流量優勢向出版社取得談判優勢的同時，提升客單價來維持獲利，雖然因此可能造成實體書店的衝擊，卻保障了圖書銷售的機會，也讓作者們更有創作下去的可能性。

最終數位發展的趨勢是不可逆的，但是實體書店要是能善用數位工具，針對消費者偏好來重新溝通，並應用在店內上架書籍的挑選、陳列布置、品類及專櫃選擇上，將線下實體書店的優勢盡量發揮，最終不但實體書店仍能屹立不搖，甚至可能塑造出未來更能滿足消費者全方位需求的獨特零售空間。

05

好好
過生活

家是守護我們的避風港，不論是更好的居住品
質，還是適合自己與家人的風格，甚至是與毛小孩
的美好時光，都值得品牌投入更多心思來經營。

5.1

居家生活
產業

對「居家」風格的認知

　　我們對於家庭生活中應該有什麼樣的創意擺飾、什麼類型的家具內容，想像的畫面除了來自於自己的原生家庭外，通常還源自於過年時到親戚朋友家拜年，或是到同學朋友家作客時，所看到不同的裝潢風格，有的經典傳統、有的現代時尚，但也有的則是殘舊混雜。更多現代人則是從戲劇及電影中學習到不同的居家風格，不論是小康人家還是豪門大戶，只是受限於戲劇拍攝考量，僅能看到片面的角落而非全貌。

　　以功能性來說，家具可以分類為以下幾個大類，其中不少有著特殊設計和使用目的的物件。

　　一、椅類：椅、凳、沙發、貴妃椅、辦公椅。

　　二、桌類：餐桌、茶几、書桌、工作臺、辦公桌、麻將桌。

　　三、床類：單／雙人床、沙發床、雙層床、床頭櫃。

　　四、整理類：衣櫃、鞋櫃、書櫃、電視櫃、收納櫃、陳列架。

　　五、飲食料理類：餐廚櫃、流理臺、電器櫃。

　　六、戶外及陽台家具。

　　七、其他類。

　　國內的連鎖居家賣場，是以傢俱、擺飾、家用電器及建材為主要業態的零售業，但是常受限於品牌定位的空間使用，當消費者到了賣場，才發現只有少數的品牌能幫助我們找到自己想要的傢俱風格進行選購。品味的提升與經濟成長也讓消費者的生活體驗需求升級，因而對傢俱及建材的需求跟著升級，伴隨著消費者的改變，也有居家零售業品牌開始轉型，打造沉浸式空間，方便消費者找到自己喜歡和想要的家具，以及空間裝潢的整體解決方案。

生活型態的改變

　　在家工作與提升家中生活品質的需求，帶動了家具家飾及相關小物的商機。但是居家零售業必須思考如何持續轉型並考量如何更快速的滿足現代消費者的持續購買需求。一般來說，居家空間的設計組成分成幾大類：空間設計服務、中大型家具、功能型電器、風格擺設物件，以及其他。

　　消費者對居家空間的要求不僅是安全舒適及功能性，視覺上的美感與表達自我特色也越來越受到消費者重視。好比公仔收藏家可能期望有一個完美的專屬收藏室，但礙於空間有限只能選擇在客廳擺幾個展示櫃；偏好古典歐洲風格的女性，可能在評估實用性和另一半的喜好下，只能妥協選擇符合風格期待的沙發和檯燈。居家擺設體現的是屋主的風格品味，但如何將心目中理想的風格實際呈現，往往需要專業人士進行空間規劃，運用美學專業及服務經驗來協助消費者實現夢想。

　　不少國際知名品牌早在各領域占有一席之地，甚至設計師也能在了解消費者需求後，透過選擇具代表性的一線品牌，或是風格及功能類似的二、三線品牌，來滿足消費者。但畢竟住家的布置與陳設會隨著心境而改變需求，從傢俱家飾、家電燈具、藝術品到花藝植栽，無一不影響我們的居家氛圍。由於材質做工精緻的高質感家飾通常單價較高，對室內的整體風格影響也很顯著，所以多數消費者選擇家飾仍以功能性為主，即便替換時也相對容易取得的物件。

　　我曾輔導過居家產業服務，從經驗得知有不少消費者在臨時需要添購居家設備用品時，因選項有限，買了事後感到後悔的產品……另外從近期的老牌居家零售業者面臨業績衰退及店租上漲的衝

擊，與不少原本販售居家布置修繕的品牌從銷售進化到提供整體居家諮詢服務的競爭下，都能看出居家零售產業正面臨轉型需求。

居家相關需求

居家相關產業大致可分為生活雜貨用品、家飾擺設用品、中大型家具、電器用品、廚房及衛浴固定型設備，家庭戶外及其他用品等。相對於大型傢俱的更換頻率相對較低，可營造空間氛圍隨時改變陳列方式的小型擺飾物件，就更容易能隨我們的心境與需求更換調整。

越來越多消費者回歸到實用性的考量來選擇符合生活需求的居家用品，希望透過居家的擺飾及家具等物品，塑造出符合個人喜好的理想氛圍，但針對能帶來便利的功能性物件，像是廚房的整理盒、浴室的收納架，或陽台的植栽用品，不但希望 CP 值高，也更期望外觀造型更具設計感。

家用品銷售的實體通路能直接面對消費者，所創造的消費體驗也更加完整，單價越高和功能越複雜的居家產品，對銷售人員的教育訓練也越重視，從了解顧客的居家需求和預算到既有及未來可能的空間配置、生活美學的溝通等，整體需要顧及的面向更擴張到不同方位。

就像有的消費者在購買廚房家電時，會針對沖泡咖啡的位置和選購的設備諮詢銷售人員，往往當下的重點不僅在設備功能，而是在使用者動線習慣能否與產品相輔相成、咖啡機與咖啡壺的設計是方便家人自用還是客人使用，甚至該搭配什麼樣的咖啡杯，都不再是單純的產品銷售，而是生活品味的整體需求。

其實以製造生產來說，多數的本土居家零售業所販售的產品，都經由代工及合作供應商來製造，然而即使是自有工廠所產出的商品，在市場上也很容易看到類似款，其原因在於不論是工廠所使用的設備及產品設計大都是為了能大量且平價製造，故只能優先考慮平穩銷售。像是特力集團（特力屋、HOLA）、詩肯、振宇五金等居家零售業者，則是靠著不同的資源整合與服務加值，而帶來穩定的營收空間。

居家產業的持續轉型

當消費者有居家修繕需求時，通常以目的性購買優先，然而對重視生活品味的消費族群而言，滿足需求的同時可不能少了設計感。這樣的顧客往往偏好賣場動線流暢、整體燈光明亮的通路。像是特力屋提供了修繕 DIY 配件與工具機、收納用品、餐廚器具等品項皆可一次購足的服務，能滿足一站式消費的需求便利性。台灣人在五金及居家修繕用品零售市場有高達 800 億元的市場商機，全台五金百貨店目前逾 1300 家，居家修繕零售產業主要品牌包括了小北百貨、特力屋及振宇五金行等。

傳統五金行門口陳列著掃帚畚箕、吊掛了塑膠水管，店內各式零件堆疊影響視線，有種擁擠老舊的歲月感，也影響了年輕族群上門的意願。相對的，寶雅集團的寶家 POYA Home 看準這點，將傳統五金行及雜貨店的商品整併涵蓋進來，銷售了包括零件耗材、燈泡燈管及工具等五金雜貨、鍋碗瓢盆及廚浴收納等居家五金、打掃器具及五金雜貨等，透過豐富多樣的完整品項一次滿足客戶居家修繕的所有需求。

生活工場也從過去的店型持續改變，透過精簡品項調整販售香氛等產品，也導入了更多國際品牌的電器，來提升消費者上門的興趣。生活工場雖然身為台灣本土的居家用品代表品牌之一，但在面對總體消費族群，尤其是年輕世代顧客流失的激烈競爭之下，未來何去何從，也還在摸索轉型的生存方式。

居家需求的差異化

然而隨著社會文化水準的提升與世代個人風格改變，消費者對兼具設計感與實用性的居家產品有明顯的分眾需求。只要業者能提供相對應的產品服務，就更能在市場中站穩腳步。像是日系的大創百貨、宜得利、icolor，都因為所提供的產品設計是以日本小型居家空間出發，符合了不少國內消費者的需求，因此獲得一定程度的購買支持。

紐約傢俱設計中心的品牌定位為家居購物中心，引進歐洲數國、美國、日本、加拿大、新加坡等設計傢俱與知名品牌，提供多種風格與設計主題的傢俱、傢飾，以及相關居家配件。市場上另有規模較小但著重設計師系列作品的瑪黑家居選物、北歐櫥窗及小器生活。

另外像 IKEA 或其他歐美居家零售業者，由於面對廣大的全球市場，更容易從世界各國找到設計生產的技術支援，同時運用節慶行銷與促銷方式與消費者持續溝通，吸引目標消費群對「跨文化」的好奇與嚮往，願意上門消費嘗鮮。再者，歐美居家零售品牌以產品定期更新的思維迎合國人對居家用品的汰換頻率與顧客溝通，也成功讓消費者養成固定上門選購的習慣。

　　至於傳統傢俱店的營運則是以商品門市直售或參與相關展會為主，能滿足消費者對單品選購的需求，適用於「平替」採買；然而對重視居家整體氛圍的消費者來說，具備一致性風格的連鎖品牌還能提供更便利的付費服務，往往更能吸引年輕、怕麻煩的消費者。像是 IKEA 訓練有專業的組裝與運送團隊，宜得利家居則引進日本企劃的「生活風格展示間」，為消費者帶來更多生活空間的提案建議。

節 慶 行 銷 的 應 用

　　許多產業都有專屬的重點行銷時間，以因應特定週期的消費者需求，這點在居家產業也不例外。好比過年前的換屋潮、新年更新居家裝潢氛圍的需求，使得這個時節常見不少居家產業的創意行銷廣告。然而不是有創意就能說服消費者輕易更換生命週期長的商品，重點是從「消費者洞察」的角度出發！是否真能打動消費者，喚起他對非即時性需求的購買欲望，才是品牌發揮創意的重點。

　　以 IKEA 過去推出的廣告為例，要在短短的廣告內表達「傳承」這件事並不容易。但在這幾秒的時間內，影片不但運用父親介紹自己小時候的房間給孩子切入，更利用了爺爺為孫子女著想的角度，保留了家的溫度，也同時達到家裝更新的目的。結婚有小孩的家庭都知道，通常原生家庭的房間在不同時期也有不同用途。以 IKEA 的廣告創意來說，不但呈現了「空巢期」長輩的孤寂感，也達成了晚輩在過年返家使用品牌商品解決住宿問題的目的。

　　HCG 和成的品牌週年紀念搭上了過年節慶，在網上推出了長秒版與短秒版的廣告影片。短秒版廣告中能看見女孩頭戴「馬

桶」，邊唱嘘嘘歌邊跳舞；而長秒版廣告則是完整呈現馬桶家族的
傳承故事。這樣的廣告在過年前播出的確達到了廣告策略中「品牌
提醒」的效果，然而內容卻不易使消費者產生共鳴。農曆春節確實
是品牌結合節慶行銷的好時機，但廣告除了「功能性」訴求外，多
數想以「情感」創意來打動人心，這時必須使消費者真正產生共
鳴，或喚起情感連結，否則只是徒具創意而未能與消費者完整溝
通，相當可惜。

抄襲的爭議

　　品牌傢俱選物店的特色在於——販售設計獨特且風格強烈的進
口傢俱和居家配件，消費者透過自身的喜好自由搭配組合，打造符
合心中理想的居家或商務空間。深具經濟實力的消費者會選擇進口
傢俱的原因，除了品牌與設計本身之外，產品品質與細節更是關
鍵；然而口袋深度有限的消費者，往往改以設計風格相似的產品取
代，也有不少傢俱零售業者以提供這類「平替」商品作為主要經營
內容。

　　曾在互聯網上快速崛起的新創傢俱 L 品牌，原本以為消費者設
計居家風格，並提供相關物件商品崛起，並以數位社群為基礎，快
速獲得知名度，但卻被發現包含所提供的商品及服務有相當程度的
模仿抄襲問題，導致品牌形象重創。

　　其實相關的仿冒爭議，只要品牌推出類似商品就少不了引人非
議，質疑跟某某品牌類似，這個問題在很多產品類別都曾發生。例
如圖案相似的抱枕或畫作，在淘寶上一堆，而且便宜。然而重點在
於品牌一旦被抓包作品並非原創，甚至還造假分享自己的設計心得

時，品牌的形象便岌岌可危！當後續抄襲被發現揭露時，設計師甚至選擇與網友開戰？這更是火上加油。

高明的設計師具備豐富的經驗，能視現實條件平衡滿足兼具功能與美學的顧客需求，也因此專業的室內空間設計價格，一坪從幾千元到數萬元不等。雖然也會有消費者直接拿別人美美的成屋照片來要求設計師照做，有原則的從業人員會選擇溝通，藉此了解消費者期待後自己重新產出設計。但若是設計者本身缺乏原創風格，習於拿他人發布分享的作品，冒充為自己的拿來賣給消費者，一旦被發現就可能產生糾紛，畢竟設計也是種智慧財產，應充分獲得尊重。

其實這個品牌包含曝光、產生熱度、甚至消費口碑都是從網路社群炒起來的。數位口碑的建立，當中有極高比例的評價並非來自於實際使用者，而是受廣告、好友推播及討論的熱度產生。也因此當爭議發生時，若品牌以同樣的方式生出許多的留言對立與反擊，這樣的作法根本沒能幫到自己，反而會使社群中理智的使用者產生負面觀感。

曾經，我有朋友找設計師規劃了一間蠻有特色的店面，設計師採用了當時很流行的工業風。在一般人看來，可能覺得工業風都大同小異，差別只在於擺飾物件像燈具等選擇上。然而當案主在一次旅遊時竟意外發現，自己的店面設計可能涉及抄襲時，簡直不敢相信！最終那位設計師還算負責的選擇了退回部分設計費，並協助業主重新採購一些有顯著差異的物件來進行補救。

以當時數位環境還不成熟，連搜尋到同張圖片被發現是抄襲都不是件容易的事；但如今越來越多的資訊公開，所謂的類似設計究竟是參考、致敬還是抄襲，端看業者的道德底線，以及自身對專業

的尊重。同樣的，現在網上也已能很快的比對出所分享的照片是否為偽冒造假，創意發想的過程是否為真實原創。切記！一旦當危機出現被質疑抄襲時，一味的否認反擊將引來更多專業人士的關注，也更容易使背後隱藏的真相被一一揭露。

居家產業面臨的挑戰

一、數位溝通模式備受挑戰

對整合行銷溝通及數位社群管理上，仍有一定程度的進步空間。在數位轉型的過程中，若通路本身的品牌形象不夠具體，而是依靠進駐品牌的大量支持，就很難吸引消費者因品牌偏好而持續關注，只能單靠促銷折扣來吸引消費者。

二、實體與數位通路的資訊落差

消費者在選購商品時，往往對高價單品更注重購買路徑上的體驗氛圍，像是大型傢俱或是高價餐盤，然而在數位平台上較難提供完整的體驗感受，更因為實體店面的產品品項種類明顯多於數位通路，因此消費者在線上購物的意願相對難以提升。

三、國際品牌的形象較完整

像是 IKEA，靠著全球產品開發與良好的品牌形象，經由整合行銷傳播的應用，在台灣持續展店，也使品牌收益穩定成長，其原

因在於居家用品的採購權已逐漸從長輩決策轉向由年輕人自行決定。

四、供應鏈受限兩岸關係的影響

近二十年來，不論是居家品牌主要的生產、設計、選品等流程，中國已成為台灣大大小小居家產業品牌的重要製造基地。雖然也有不少特定材料或設計是在台灣本地生產設計製造，但不盡然會選擇居家產品通路來進行產品販售合作。

五、消費者偏好難以改變

不論消費者選歐風奢華、美式鄉村、日式優雅、北歐簡約還是中式貴氣，除了產品設計本身是否有特色外，符合消費者自身的生活風格偏好則更為重點。品牌本身的理念和設計風格雖能影響所提供的品項及服務，但不容易改變消費者的主觀喜好。

六、本土品牌形象再造的急迫性

不少本土居家產業品牌面臨了品牌再定位的困境，必須得重新思考如何建立新的品牌獨特性。

七、大型店的不可取代性

雖然為了節省成本轉而開設小型店，並想依靠電商系統來進行

虛實整合，但最後卻鎩羽而歸；反觀國際品牌卻在雙北開設更具規模的大型門店並頗受好評。

找到居家生活的新「台」味

以過去我在居家產業的經驗，大致將居家布置的風格分為：中式風格、美式風格、歐式風格、現代風格及台式風格，而當中的台式風格則明顯像是在眷村、客家及原住民族等文化的保留或加入更多的消費者期待及物件使用。但如何能協助消費者找到自己心目中的「經典」台式風格？除了參考一些二手老家具及布置，或到文物保存完整的長輩家中探索外，其實常常被大眾遺忘的，就是國內的博物館和文化古蹟。

例如國立臺灣博物館、國立故宮博物院、國立臺灣歷史博物館、國立歷史博物館及新竹市眷村博物館，都保存了不少台灣常民的空間應用文化紀錄，另外像是國內的臺南・家具產業博物館及奇美博物館，也保留了不少國內的經典家具。還有霧峰林家文化園區、四四南村的眷村園區，也保留了不少台式風格的家具和布置，都是很不錯的靈感來源。

其實家具設計的展示，在博物館的主題中並不多見，但是當創意產業的發展，從理論更走向務實階段時，我們透過走訪這些博物館來學習，利用世界博物館日到這些地方走走，思考自己究竟想要什麼居家風格，不僅只是參考賣場和網路上的圖片，也不再一味追逐國外的設計，而是回歸我們真正期望的台灣空間與文化連結。

或許原有的古董家具機能，其舒適度並不一定適合現代生活的需求，但選擇帶有台式經典文化元素設計的現代家具，能使自己的

居家品味與眾不同。各個國家區域都有自己的家具和設計風格，透過找尋適合我們的「台味」家具設計，將保留在博物館及文化園區中的靈感與設計師討論，或許就能實現自己理想中的台式經典。

品牌意識的持續溝通

居家產業規模持續成長主要在中高階品牌所提供的產品及服務上，更多消費者在品味提升的同時，從量販店的居家專區、百貨公司品牌專櫃、連鎖品牌專賣店、傢俱選物店、特定品牌專門店到進口傢俱購物中心、居家相關展會等，市場變得更多元且朝向 M 型化發展。消費者不論在多元選擇上、消費決策前的資訊收集到通路選擇和指定品牌的價格比較等，相較以往都顯得喜好更明確且有主見。

與過去消費者貨比三家的採購習慣不同，更多年輕世代的消費者在居家產品的選擇上偏好「一站式」服務及「個性化」商品，當產品功能差異明確時，我們自然會優先考慮最符合自身需求的產品，像是淨水器或是瓦斯爐等；但是當產品功能沒有顯著差異時，則會更考量產品的風格與設計感，這便是通路品牌能利用來區別消費者喜好的切入點。就好比喜歡日式風格的消費者，會優先考慮無印良品、宜得利等日系通路品牌，而偏好節慶感及多元文化主題的，則會選擇 IKEA。

許多台灣消費者偏好的居家品牌多為國外的知名品牌，透過代理商或外資企業進入台灣市場，這些品牌在營運和品牌行銷能力上，也具備完整的管理系統；相較台灣本土的居家產業，不論是產品製造商還是零售通路，就算已有一定的市場知名度，但仍有相當

的進步空間。

產業的未來機會

居家產業的快速發展，也提升了企業服務能力的競爭與成長，尤其從會員的需求到企業採購供貨能力，一直到送貨取件等一系列流程，資訊與供應鏈的整合程度就十分重要。然而在回購頻率不高的居家產品及期待持續重複回購的消耗品之間，掌握會員的需求成了行銷的重要考量；就像我們買了一張 5 萬元的沙發、8 萬元的床墊，起碼可用長達 10 年，但如何能吸引消費者不定期的回來採購床包組、沙發靠枕和沙發套，就成了居家品牌業者營收續航的重要關鍵。

越來越多消費者重視品牌的口碑與品牌整體形象，我們往往會選擇值得信賴的品牌產品和服務，也更重視廠商的售前與售後服務。就像在網站上看到寵物家具照片時覺得不錯而下訂，但收到的卻很落漆；或是當不確定該怎麼調整剛在通路買到的電熱水器時，原本的銷售人卻一副事不關己的樣子，這些都會造成品牌負面的口碑形象。

針對消費者的退換貨與維修需求，居家產業的售後服務是提升品牌滿意度的重點之一，除了瞭解原本的問題所在，進而從消費者需求延伸提供更多服務來創造營收。唯有持續提升消費者的滿意度和忠誠度，才能確保品牌具持續發展的競爭力。

持續的汰舊換新潮，使消費者越來越有意願提升採購預算，除了取得美觀實用的居家用品，在服務上也期待服務人員更加專業，能提供像是到府施工、安裝搬運的零售品牌。因此業者若是想持續

吸引消費者上門，提升產品及服務品質成了當務之急，尤其是「一站式」的整體服務，更是能解決不少消費者的痛點。

畢竟誰有耐心因為一個客廳的居家布置，卻要分別跑到 3 ～ 5 家以上的家具、燈具、家電等零售店家選購？不但消耗時間，更難掌握支出。服務的本質來自對消費者需求的了解。所以不論是行銷手法結合元宇宙的 AR ／ VR 體驗，還是提供到府居家協助，甚至是與居家整理師合作等服務，只有當我們感受到品牌業者的用心時，才會更放心的持續上門，甚至願意付出更多的費用來打造理想中的居家空間。

5.2

寵物
產業

家人當然要好好照顧啊！

對於寵物的情感投射，能帶來溫暖陪伴、情感療癒，甚至有些單身消費者的安全感滿足，都使寵物的整體市場持續成長。農委會寵物登記管理資訊網站統計，寵物狗、貓登記數量逐年上升，到了 2022 年已接近 300 萬隻，超越全台 15 歲以下孩童人口數，若是連未施打晶片的寵物都列入計算，甚至可能高達 500 萬隻以上。台灣寵物市場一年的產值約達 580 億元新台幣，其發展潛力仍在持續成長。

我自己家中過去曾豢養多達近 10 隻貓，品種都是波斯、金吉拉為主，深感各種照顧真不是件容易的事，現在還衍伸出更多像是寵物旅遊、照顧託管，以及像是醫療保險等新興需求，2023 年寵物市場商機年產值達到 600 億元以上指日可待。

寵物行業的發展是因為現代人生活習慣改變，越來越多人視飼養寵物為一種精神寄託，成為人們生活伴侶的寵物毛小孩，是如同家人一般的存在。

台灣寵物市場以狗貓、水族（魚類）、鳥類為主，隨著消費者接收到更多的寵物相關資訊及社群媒體的影響，飼主人數的增加、喜好的變化、飼養條件改善等原因，也使更多人對於爬蟲類、齧齒動物等寵物的接受度提高，農委會畜牧處也在 2022 年 4 月新設「寵物管理科」，並將新立寵物管理專法，以因應寵物經濟的成長。不論是寵物的周邊販售、醫療照顧，甚至是寵物奢侈品、專屬旅館等需求，不少品牌也陸續投入寵物相關產業的經營。

人類陪伴需求的不斷增長，可說是多數人飼養寵物的一個重要因素，尤其是經歷了疫情之後，隨著社會關係的疏離感提升及家庭

結構改變，越來越多人選擇不生小孩養寵物。也有很多長輩則是因為進入空巢期，在寂寞之餘希望身邊有個陪伴。雖然很多時候寵物的行為習性連飼主也無法完全掌握，但與寵物互動的療癒確實是無可取代的。

　　隨著寵物市場的發展所延伸出的消費產品與服務，基本上涵蓋了寵物的一生，也因為越來越多人將寵物視為自己的家人，所以各種層面的需求都越來越肯投入花費。針對寵物的各種需求及差異化極大的寵物類型發展出不同的產品和服務，從寵物食品和玩具、服飾配件、寵物清潔美容、寵物醫療照護、寵物訓練、以及相關保險，再到寵物寄養，甚至是寵物攝影、生日派對到殯葬服務等。

　　寵物醫療包括了疫苗接種、驅蟲、絕育、體檢、門診治療、手術、美容等服務，經營者須持有獸醫執照或聘請具有獸醫執照的獸醫師執業，部分大學也會設立下屬動物醫院，例如國立臺灣大學生物資源暨農學院附設動物醫院、國立嘉義大學獸醫學院附設動物醫院、國立中興大學獸醫教學醫院等。

　　醫療服務更是延長寵物壽命與健康的必要手段，包含抽血、拍X光片、拍 CT 等，當寵物有不明疾病或身體不適，帶毛小孩到寵物醫院檢查就成了生活日常。另外經常外出或逐漸老化的寵物還會面臨皮膚、腸胃消化等問題，對消費者來說，更是必須尋求專業的醫療協助。

寵 物 經 濟 的 機 會 點

　　但看似蓬勃發展的寵物產業，今昔卻有相當明顯的差異。以往多數家庭偏好養狗，但隨著年輕世代對居住環境的空間及人寵互動

模式改變，之前甚至有調查指出，水族生物與貓已迅速竄升成為第二、三名受歡迎的寵物。另外，花費在寵物外觀所投入的費用金額也較以往更多，例如寵物店的服務有基礎洗護、美容服務，也有寵物造型、寵物護理、寵物 SPA 等，滿足像是大型犬隻等特別的寵物需求。

寵物服務的專門店主要提供洗澡、美容、潔白牙齒、毛髮護理、清潔護理等服務，業者為了能更快營利或開放加盟，會將服務流程標準化，再經由大數據來推薦飼主相關的服務及產品，同時結合線上商城達到虛實整合的營運。但有不少消費者因擔心寵物無法在外受到理想照顧，仍然以親自在家打理為主，尤其像是貓咪更是容易受到驚嚇，而使飼主有所顧慮。

當新一代的業者看好寵物需求商機投入市場，卻可能因經營方向失準導致所提供的內容服務吸引力不足，最常見的就是業者原本販售狗狗食物及周邊產品，未經妥善規劃就加入了貓類產品；但對於貓奴而言，這樣的空間氣味可能使消費者入店購買的意願降低。更現實的層面則是，許多想投入寵物產業的業者，對市場狀態及銷售額增長率未經適當推論分析，可能導致投資不足或資源過度浪費。

另外，銀髮族是寵物市場相當重要的消費族群，他們多半經濟自由，也更願意花錢在寵物身上，使坊間常戲稱「奶奶養的」來形容寵物被照顧得營養太好。在選擇寵物用品店、寵物食品及服飾配件方面，銀髮寵物飼主常維持穩定的購買習慣，且品牌忠誠度高。其中有不少中老年人所照顧的寵物，原本是兒孫輩的寵物，但因為工作繁忙或小孩必須上課時間不允許而轉由長輩看顧，使得寵物成為全家共同互動的重要角色。

而今寵物用品的智能化也為飼主帶來更多的便利性。像是自動定時餵食器、智慧飲水機，甚至有不少消費者還會選購智慧攝影機，透過遠端連線可以及時觀察寵物日常，甚至出聲互動，也因此經常錄到一些讓人意想不到的有趣畫面。

人寵共生的環境需求

寵物經濟的持續發展，也衍伸出了人寵共居的商機，包含芳香劑、空氣清淨機、消毒殺菌用品，甚至是處理身上沾染寵物毛髮的生活用品。還有人則是想培養寵物成網紅，也更願意投入經費來照顧寵物。像是近年的「寵物年菜」，可說是比不少人過得還要好，對岸星巴克的「寵物友好門店」，甚至還推出為寵物設計的專屬飲品「爪布奇諾」。

會養寵物的人多半受原生家庭影響，當家中長輩過去有照顧寵物的經驗時，子女飼養寵物的機率也會提高，而在數位時代中，因受到社群媒體上可愛萌寵的吸引，出於好奇和衝動而開始飼養寵物的比例也越來越高。有趣的是，很多人原本可能只養了一隻貓或狗，但是又怕牠們孤單，於是開始成雙成對，但也有飼主考慮不想繁殖，又捨不得絕育，這時就可能出現「貓鵝一家」、「狗鼠兄弟」，甚至是「哥吉拉 VS 喵吉拉」的飼養組合。

銀髮族學習豢養寵物知識的管道，以短視頻、微短劇為重要的訊息來源，原因在於與消費者透過影音，像是寵物的除臭或是殺菌等用品，以更容易理解且生動活潑的表達溝通。這時寵物消費品牌除需善加應用這些行銷工具外，同時也得重視顧客關係和客群分析，在獲得銀髮族信任之餘也能讓其他家人放心。

　　寵物成為越來越多人的生活伴侶,對於寵物食品、用品品牌而言,能夠在消費者心中占有一席之地不難,如何建立信任關係使客戶持續回購,願意幫忙推薦口碑分享就成了各家品牌的重要課題。以往消費者習慣走入寵物店、寵物醫院購買,也會希望看到實體產品,但是越來越多在網路銷售的業者,在產品與服務都不錯的情況下,也獲得相當程度的支持。

　　寵物飼主其實受到數位行銷的影響越來越明顯,不少人因為刷到線上「種草」的短視頻,覺得內容有趣且產生共鳴,像是貓咪挑食主子苦惱,或是寵物身上的異味讓主人焦慮,經由線上一站式購物的導購模式,成功達到吸引消費者購買的誘因。

品牌著眼消費者心態

　　對於喜愛動物的消費者及寵物飼主來說,不論是能與水豚、狐獴或可愛貓咪近距離互動的主題餐廳,或是各種聯名的主題寵物用品,甚至是知名網紅貓的動漫 IP 授權產品,皆獲得了不錯的業績表現。另外訴求寵物友善的餐廳旅館,以及支持寵物救助與領養公益行動,也都能為品牌帶來正面形象與消費者認同。

　　像是 2021 年麥當勞就推出「麥樂送出貓窩了」的行銷方案,到了 2023 年對岸的麥當勞推出三款「袋袋貓窩」周邊,提供麥樂送外送服務的麥當勞餐廳,2022 年肯德基也推出了聯名貓窩,用的是全家桶造型,國內的家樂福則是取得星際大戰正版授權,會員 APP 電子集章換購「萌寵星世界」,內容包含寵物推車、牽繩外出包、寵物窩、滾輪黏把、水糧杯、藏食玩具等。

　　而「曬寵物」的社交行為,也延伸出了像是各類的寵物交流社

團，以及飼主們的實體聚會，而購買或分享有特色的寵物周邊商品，帶動產品或周邊的附加價值，甚至引發其他飼主的從眾購買，也提升推出方案品牌的知名度，也讓分享的消費者獲得自身貼文或影片的流量。

也有一些品牌則是利用節慶行銷的方式，來拉近與消費者的距離。像是由國際動物福利基金會（IFAW）於 2002 年創立的 8 月 8 日國際愛貓日、4 月 4 日由愛貓族聯誼會與臺北市政府新聞處訂立的台灣貓節、日本寵物食品協會運用日語發音 222「ninini」與貓叫聲「ニャン（nya）」訂定的 2 月 22 日的日本貓之日，以及其他包含 3 月 26 日俄羅斯貓節、5 月 8 日比利時拋貓節、9 月 29 日招財貓節、10 月 29 日美國貓節、11 月 17 日義大利黑貓節及 12 月 15 日世界貓奴日等。

以貓為主題的寵物產業特性及商機

一、目標客群精準鎖定

台灣市場中過去飼養寵物以家庭型態的照顧模式為主，飼主年齡大約落在 35 ～ 39 歲的區間及 60 歲以上，因為家中有「人類小孩」的原因，貓的角色更像孩子的兄弟姊妹，而對於高齡長輩來說，貓的身分則如同取代離巢的子女甚至孫子女一般。

另外一個照顧寵物的族群則是 29 ～ 34 歲的單身未婚的中高收入者，因為在生活壓力與寂寞陪伴的需求下，具有一定經濟收入及自主能力者，也使寵物貓的角色如同情人伴侶一般。

二、外顯行為的應用

　　當品牌能越精準鎖定客群時，不論是從包裝設計上或產品定位都能更明確的瞄準目標消費者，像是運用美式、義式風味所設計的貓食、有設計感的寵物旅館及診所，以及能讓貓奴和主子都有面子的寵物背帶、外出籠。尤其是當貓奴本身也是對於外顯行為重視的消費者時，不少公司所謂的「寶貝日」，就是曬主子的重要時刻。那些較為傳統或是沒有風格的品牌往往難以受到青睞。

三、寵物自身問題分析

　　貓咪相關的主題保健食品，大致分別為「腸胃道保健」、「體重控制」、「牙齒骨骼關節保健」、「皮毛保健」以及「心腎臟保

健」等，以往我任職的知名中藥廠品牌就曾推出針對貓咪健康的保養品。另外我也曾協助獸醫院檢驗器材設備的品牌規劃，更發現貓奴對主子生病檢測時最在意的抽血血量，與獸醫院口碑息息相關。也因此像是老貓的照顧、浪貓的治療及收養訓練，甚至特定貓種的照顧等都有相當程度的差異。

四、產品及服務結合

許多寵物業者投入產業時，若是本身具備足夠的專業知識，自然對品牌經營很有幫助，但必須更明白品牌的建立基礎與許多相關的服務必須有所連結才能得到消費者信任。像是有的寵物飲水器、便盆有進階紀錄寵物使用習慣的功能，就更能幫助貓奴對主子身體狀況的瞭解，甚至在醫療層面上也有助於與獸醫院溝通。

五、實體與虛擬的整合

為主子採購的管道因消費者需求及習慣的不同，包含網路電商、寵物店、大賣場、生活百貨及獸醫院等，但多數貓奴對品牌的認識仍然有限，除了少數知名國際品牌外，最主要的考量則是市場上的口碑討論及店家與獸醫院推薦。因此當新品牌想建立與消費者間的關係時，提供消費者足量試用品、體驗服務，讓貓奴能直接感受體驗才是最有效果的，再來就是運用社群與目標客群建立關係。

如何將寵物的喜好與需求轉換成讓消費者瞭解的內容，一直都是品牌是否能夠成功的關鍵之一。從支付轉化率和客單價來看，越能精準的鎖定消費者，進而從產品、服務層面來設計規劃，最後建

立虛實整合的溝通管道，就能增加品牌的存活機會。也因為社會文化對寵物貓的看法越來越正面，使浪貓收養也成為一種生活品味的呈現方式，就算在社群媒體上顯現出「主子過的比貓奴好」看來也是在所難免的結果啊！

與寵物共旅的新挑戰

不少旅行社業者為了搶旅遊商機推出各種優惠行程，這時若家中有養寵物的朋友，就必須面臨是帶寵物一起出遊，還是好好幫他們找個地方妥善安置。

至於除了寵物放在家中或託人照顧，還是直接帶著一起觀光旅遊，其實對於飼主而言也有不同考量。有的飼主因為不放心寵物由他人照護或是費用過高，但也有把寵物當作「網紅」，不但費心伺候，更希望藉由寵物帶來流量，增加自己在社群上曝光的機會。

另外，由於不少消費者在乎與寵物一同拍照的機會及營造共同的回憶時光，所以在旅遊景點上更偏好具經典特色的地點，要讓寵物拍出好看的照片。這也讓這類消費者對於像是露營、休閒農場等戶外活動的選擇意願增加，更願意選擇前往寵物也能自在舒適的天然環境旅遊。至於旅遊天數通常較短，以避免寵物感到不安和不可控制的意外。

許多具消費能力的族群，也更願意飼養寵物作伴，給寵物更好的生活，這影響了寵物市場改變。例如精品寵物飾品，以及能與寵物一同用餐住宿的場域越來越受青睞。這些飼主重視服務口碑，常參考寵物群體的議題討論，同時對提供寵物友善服務的相關品牌，會有更高的敏感度與消費機會，在社群的表現上也較為吃香。

　　但是像觀光工廠，或室內展館的旅遊景點，以及不易前往的離島地區，就可能不適合直接帶寵物一同旅行，建議消費者參與專門規畫寵物遊程的旅行社規劃的行程，才不會發生糾紛或不愉快。以國內旅遊的型態來說，不管是星級飯店、特色溫泉旅館、風景民宿、主題樂園和其他旅遊景點等，在台灣多數並不適合帶寵物入住。

　　對於經營業者來說，雖然有部分場域開放寵物友善進入，但仍然需飼主高度注意，若是發生寵物驚擾到其他旅客，或是因寵物造成意外傷害，仍必須自己負責。在社會生活越來越多元的情況下，與寵物一同旅行可說是未來的商機之一，這也反應出更多消費者接受將寵物當作家人的觀念。因此不論是旅行社或是相關場域，都可以思考如何把握這樣的寵物商機，又能讓原有的消費者也感到舒適，這也是未來社會的一大課題。

　　不過即便消費者越來越「寵」這些寵物，但是在一定程度上，台灣的消費者還得面對寵物相關消費的金額受到物價成本波動的影響也逐漸升高，在飼養寵物的環境中，鄰居與其他家人的反應也會成為飼主照顧過程中的壓力。另外，不少人因為衝動，像是兔年就突然很想養兔兔，但實際照顧之後才發現吃多拉多根本停不下來，這時就可能發生棄養潮。

　　也因此，在這個越來越多人養寵物的年代，不論是教育還是法規層面都必須更臻完善，讓真正喜歡寵物的人在愛護動物的同時也肩負相對的社會責任，達到人寵共好的關係。寵物用品業者除了獲利也須愛護環境，像是除臭用品的空瓶罐環保回收、貓砂材質的改善創新，以及二手寵物籠及玩具等資源的再利用，這樣才不致使未養寵物的他人被迫承擔環境資源消耗。

在旅遊及餐飲的需求中，透過在地化的內容與商品服務，讓我們能進一步認識這片土地的美好；相對地，業者也必須更加積極，找出能夠使消費者真心感動的服務體驗。

06

快樂
出去玩

6.1

飯店
旅宿

國旅風氣提升

國人的旅遊風氣盛行，從年初寒假與春假、年中暑假，到了中秋、國慶及農曆新年連假，都能發現不但出國旅遊的人數持續攀升，國內旅行及飯店住宿的需求也跟著帶動。像是宜蘭礁溪福朋喜來登酒店、南港漢來大飯店、花蓮潔西艾美酒店、The Sky Taipei 台北天空塔的 Park Hyatt 和 Andaz 酒店，另外還有近十家頂級國際飯店與飯店陸續開幕，可見均看好台灣的旅遊市場發展。

根據中華民國交通部觀光署旅宿網統計，112 年 9 月臺灣地區觀光旅館家數中，國際觀光旅館有 73 家，房間數 20,109 房；一般觀光旅館有 45 家，房間數 6,795 房，最為競爭的是臺北市，其次是高雄市，第三名則為桃園市。從旅客的住宿目的來說，以商務及觀光旅遊為大宗；旅館住宿產業的收益來源以提供客房住宿為主，規模較大的旅館設有餐廳供應餐飲，為符合商務需求則提供會議室，甚至是演講廳等服務。

對消費者而言，儘管飯店提供了住宿以外的相關服務，但這通常是旅遊需求的附加考量。就像台北人到南投旅遊，多半會選擇靠近旅遊景點，又能住得輕鬆舒適的住宿地點，最好還有不錯的自助餐廳。但同樣地，若高雄的朋友到台北旅遊時，可能還會考慮旅遊的目的性，包含逛街交通搭乘捷運的便利性，與飯店位置及周邊的商業發展狀況，也是重要的評估條件。

若觀光旅遊訴求的對象是家庭，則會增設休閒設施、兒童遊戲室、家長發呆空間；而更高檔的則會鎖定蜜月度假客群，結合美景與進階版的客房服務，讓新人留下美好的記憶。依據國內外旅客需求所衍生出的服務還包括：車站接駁服務、行李寄存、提供景點指

南，甚至是提供旅遊建議等。

旅館產業住房本身及餐廳票券的主要銷售通路，可分為飯店訂房網站、旅行社、官方網站與 APP、電視購物、旅展等，但在餐飲服務上則較為多元，現場的餐點也能上外送平台、冷凍料理包則能上架量販店及便利商店、電商平台，並且可用聯名的方式授權，不但能擴張品牌知名度，還能帶來實質收益。

飯店類型差異大

飯店旅宿業廣泛定義為服務旅客住宿的產業，依據「發展觀光條例」第一章第 2 條第 7 項～第 9 項，國內的旅館業分為觀光旅館業、旅館業以及民宿三種：

一、觀光旅館業：指經營國際觀光旅館或一般觀光旅館，對旅客提供住宿及相關服務之營利事業。

二、旅館業：指除觀光旅館業以外，以各種方式名義提供不特定人以日或週之住宿、休息並收取費用及其他相關服務之營利事業。

三、民宿：指利用自用或自有住宅，結合當地人文街區、歷史風貌、自然景觀、生態、環境資源、農林漁牧、工藝製造、藝術文創等生產活動，以在地體驗交流為目的、家庭副業的方式經營，提供旅客城鄉家庭式住宿環境與文化生活之住宿處所。

事實上台灣的旅宿飯店業類型種類繁多，包含高級酒店和豪華酒店，還有經濟型和精品酒店，通常分為五星級、四星級和民宿等不同級別。五星級飯店提供豪華、高品質的設施服務，四星級則較

為普通但價格也相對便宜，另外民宿則多位於靠近自然環境的地方，並提供更接地氣的住宿體驗。

飯店旅宿的客房訂價，原則上會針對不同房型制定差異化的房價銷售，普遍來說房價多採浮動方式，越早訂房業者會提供早鳥或時段優惠，但若是在熱門時點，像平假日、淡旺季、特殊節慶日、當地特殊活動（演唱會、展覽等），則會暫停相關優惠以原價或是套裝行程的價格出售。

也因此，在不同的條件下看待不少消費者認為，國內飯店住宿價格過高的問題，必須先確認消費者選擇的所在地及飯店等級與品牌形象。對飯店業者來說，面對現實營運成本節節攀升之下，如何使消費者感到「不輸國外」的服務水準，是與消費者溝通的基本條件。國人在境內旅遊住宿時，普遍期待付出的費用，與業者所提供的服務品質，包括從預訂飯店、入住、用餐到離開的整個過程，都能接近滿意，甚至超越預期感受。

就像許多國際連鎖飯店有專屬的會員禮遇，不同會員級別能享受差異化的待遇，如訂房折扣；提供會員一種專屬的尊榮感，並吸引消費者持續回訪住宿。同時，當優惠禮遇在該集團國內外旗下的連鎖飯店也通用時，更能吸引消費能力優異的族群，即便國旅時也會指定特定品牌的原因。

飯店業大亂鬥

許多國際飯店的消費族群，仰賴的就是頂級旅遊及商務客；其中，國際觀光客更是主力之一。以近期台灣飯店業的新局面來說，包含萬豪國際集團、四季酒店、國際希爾頓酒酒店、凱悅酒店集

團、香格里拉酒店集團、IHG 洲際酒店集團等，都陸續在台灣的市場攻城掠地。

以我自己身處的台北為例，除了備受注目的元利建設與四季酒店合作案，原有的 W Hotel、寒舍艾美酒店、台北君悅酒店，碩河開發（大陸建設關連公司）、中國信託商業銀行的「The Sky Taipei」，也將引進凱悅酒店集團旗下的品牌飯店，以及即將進駐台北大巨蛋的台北洲際酒店，鎖定的正是龐大的國際會展商務人士、101 附近進駐的國際企業，以及會在信義區周圍消費的百貨頂級客群。

在如此競爭的市場中，飯店的經營模式與品牌形象，都影響了消費者上門的意願，本土企業投資經營飯店，會選擇與國際品牌合作，關鍵在於專業團隊的 Know How，及具有全球性常客忠誠獎勵計畫的會員。畢竟當投資者本身並不具備足夠的飯店經營能力，而新創品牌吸引消費者不易時，最快的方式就是與經驗豐富、具備會員資源的國際品牌站在一起。

旅館品牌透過整體形象管理及行銷策略擴大品牌的影響力，並藉此開拓新客源，更進一步經由與其他旅館或品牌合作，以策略聯盟的方式來提升相互合作的綜效。另外，相較於以往國際品牌進入台灣市場，多半採委託管理或授權加盟模式，現今的台灣在地飯店品牌，既希望保留原有的品牌經營，又想導入國際管理制度時，全新型態的品牌合作聯盟（又稱軟性品牌，Soft Brand）則成了雙贏的合作方式。

像是太子建設與富邦人壽合作的「台北時代寓所」飯店，加入了希爾頓全球酒店集團 Tapestry 精選酒店，亦或是福華飯店加入萬豪國際旗下的傲途格精選酒店，以及新竹伊普索酒店加入凱悅尚

選品牌酒店等都是這樣的合作案例。品牌合作聯盟的優勢在於，對於加入合作的飯店品牌沒有過多繁瑣的整體改善要求，使原有品牌能更具新創獨立性，同時經由國際品牌的協助帶領，也能提升與旅行社的談判籌碼，降低給付費用，並帶來國際品牌的客源與行銷助益。

不過從現實層面而言，加入國際飯店品牌仍須自我提升以達合作標準，並得給付國際品牌一定費用，這點對飯店的經營仍具相當程度的壓力。對台灣本土飯店業者來說，單打獨鬥在整體經營環境越來越嚴峻的情況下，勢必得尋找更多的資源挹注，才能使原本擁有可觀會員與龐大品牌力的國際飯店業者，在落地經營後更為長久。尤其是面對市場上缺工的壓力，與消費者對加入國際集團後服務提升的期待下，如何鞏固忠誠消費者並同時開發新客源，就成了各家飯店品牌未來經營發展的重點。

服務品質的提升

根據交通部觀光局 2022 年觀光旅館營運統計，國際觀光旅館與一般觀光旅館的費用，每晚平均房價高達 4195 元，相較 2021 年的 3780 元高出了 415 元，創下歷史新高。這樣的數字也代表相較過去，台灣消費者在受惠於國際飯店品牌享受服務提升的同時，卻也必須付出不菲的代價。當選擇東京、上海，甚至其他國家的國際旅館更具吸引力時，國人是否能繼續支持國內旅宿就成了飯店業者必須面臨的挑戰。

同樣是台灣的飯店業者，不論是國際品牌或是本土的在地品牌，都必須持續提升自身價值與附加意義，才能吸引更多國際旅客

的青睞。然而媒體也常報導連假期間不少關於國旅住宿時的爭議，其中最常見的抱怨是「房間價格過高」、「住宿品質與理想有落差」，以及「服務不到位」這三大項。儘管近期政府主管機關有意開放旅宿業聘雇外籍移工來填補人力不足，但勞團與學界對此均持有不同看法，認為旅宿業召募不到人力主要的關鍵還是在於低薪。

不過即使業者與消費者對住宿房價的認知問題解決了，飯店服務品質像是房間清潔、設備的妥善率、用餐過程的舒適度、服務人員的專業度，以及其他的突發事件的應對等，多半可歸責於人力不足與設備檢查的 SOP 未能落實；而從這些問題正能看出各品牌是否能堅守服務的底線。當消費者在鄉間的民宿發現有蟲時可能會產生抱怨，但若是驅蟲與相關防護都已經落實的情況下，該重新教育的反而是消費者本身的認知問題。

但若是住一晚數萬元，卻發生房間有異味、浴缸設備故障、未退房時有人闖入等這些本來就該避免的問題時，就需要回歸檢討旅宿品牌本身管理的細緻程度。畢竟人力不足可以透過產學合作，或是與聯盟飯店之間的人力調度來解決，但設備問題就必須落實退房檢查及定期的維護確認工作，才能最大限度降低問題發生的機率。

雖然服務人力的水平與薪資上升時，也可能影響飯店營運的房價成本，但服務人員若能提供更符合消費者期待的服務水準，即便當下真有不可預期的意外狀況發生，只要飯店業者能妥善危機處理，向消費者釋出善意，還是能將事件對品牌的傷害降到最低。畢竟我們身處社群時代，消費者的口碑雖能帶來商機，負面效應卻也可能擴散得更大。只要品牌已盡力做好且獲得多數消費者認同，還是能得到市場支持。

獨特記憶點的建立

　　消費者對飯店的記憶點，可透過各種感官建立，使消費者感受到完整的體驗歷程，同時強化品牌的獨特印象。例如在飯店大廳或公共區域擺設具有特色的大型裝置藝術及布置物，像嘉義市新悅花園酒店就以「熊」為主題，不但在大樓外觀、大廳，甚至是接駁車裡，都能看到滿滿的熊熊元素。或是有的旅館會運用獨特的香氛來吸引消費者，並結合在地文創農產品做成伴手禮，放在房間讓我們品嘗並建立品牌連結。

　　另外，像是晶華酒店在耶誕節時布置讓人忍不住打卡的漂亮精緻大型耶誕樹，並在餐廳位置規劃現場演奏與歌唱表演，讓消費者留下深刻的印象，也對品牌有了更多好感，製造回訪機會。同樣地，新悅花園酒店則也規劃了兒童賽車場、旋轉木馬、足球場等親子空間，還設置了寵物旅館，因應家中有小孩及寵物的消費者需求，帶來更貼心的住房體驗。

　　當消費者對飯店留下了好印象，對品牌逐漸產生情感認同時，一旦有機會舊地重遊，再次選擇相同飯店回訪成為常客的機率就很高。但儘管如此，已被消費者認可的品牌仍必須持續精進，務求每一次顧客所接受的體驗與服務盡善盡美。因為很可能只要發生一次房間清潔沒做好或用餐出問題，甚至是訂房網站失誤所導致的不愉快，都可能破壞品牌原本長期在消費者心目中累積的好感度。

親子飯店與寵物友善旅館的新商機

　　如今，休閒活動早已成為現代人日常重要的生活型態，人們往

往重視出外旅遊的各項流程細節是否與能滿足自身需求，有人會在選擇天數較長的行程，也可能會選擇出國，但是當家中有國中以下孩子、甚至幼兒的家庭，或是有養寵物的消費者，對他們來說，國內旅遊還是較方便的選項。

現代人重視提昇生活品質，對於飯店旅館的設施和服務也更加在意，畢竟都決定出來玩了更會對旅遊有所期望，尤其是選擇了標榜親子房或親子設施的飯店，或提供寵物能休憩的場域，都希望能充分感受到所期望的舒適環境與貼心服務流程。因此也有不少飯店強化在地優勢，瞄準掌握親子及寵物兩大商機。

有不少家庭的孩子偏好動漫主題、特定職業或可愛的布置及玩偶，飯店也會特別打造相關的主題房來討好小小消費者。像是香港迪士尼的冰雪奇緣主題套房命名為「魔雪奇緣套房」，將房間打造為冰雪國度，還將雪寶搬進了客廳，不論是壁紙還是浴廁空間，房內都充滿了冰雪奇緣的視覺元素，讓孩子就像是走進了童話國度。

國內的高雄漢來飯店則是推出「三麗鷗主題房」，與三麗鷗聯名的 8 個角色明星，包含 Hello Kitty、美樂蒂、酷洛米、酷企鵝、雙星仙子、大眼蛙、蛋黃哥、淘氣猴等，打造 18 個特色房間，讓消費者可以重複回流體驗不同房間。花蓮福容飯店則是與零食品牌「可樂果」合作，推出「1971 年遊樂園」與「三代同堂」兩款主題房型，房間內有可樂果抱枕、花蓮福容飯店 × 可樂果聯名包，以及免費贈送復古童玩組，讓親子可以一起同樂。

對於有小孩的家庭消費者來說，一次性的體驗嘗鮮確實很重要，然而持續累積顧客滿意度，了解消費者需求並規劃常態性的服務內容也不能忽略。以親子主題為訴求的飯店旅館，能夠滿足小朋友需求的有形項目包括：硬體設施、遊樂器材、服務人員的服務與

話術，同時更不能忽略家長的需求。很多時候家長帶小朋友出遊，也同時想給自己一個放鬆的機會，飯店旅館在提供服務滿足小小消費者的同時，不要忘了辛苦安排旅程的家長，設計「大人小孩都開心」的貼心服務來擄獲消費者的心。

比如像是設計讓家長放空的發呆機會，由服務人員搞定小朋友的遊憩需求，提供家長安全放心的孩童陪玩服務，同時提供家長安靜的「獨享」時光，像是接受專人服務的按摩 SPA 放鬆，或是夫妻倆悠閒寧靜的午茶時光。對於不同需求的消費者給予客製化的服務，讓家長能享受與孩子親密互動的時光之外，也能自己一人或夫妻兩人同時得到休息，就更能夠提升消費者的滿意度。

例如 GTS（Green Travel Seal）二星認證的嘉義新悅花園酒店，榮獲票選為全台最美親子飯店，全區包含 24 間全新落成的熊家族夢想樂園親子主題房，每房打造各式主題溜滑梯及益智遊戲版主牆，更將孩子角色扮演為熊戰士，挑戰每一個主題房的任務及護照集章，並把品格教育帶入住宿體驗。另外還有戶外沙坑、兒童賽車場、旋轉木馬、小火車、遊戲室等，遊程導入生態環境教學解說，同時也提供家長可以在小朋友放電之餘，也能獨享星巴克的咖啡時光或運動健身。甚至還能帶寵物來入住毛小孩的專屬旅館，對於親子或是寵物飼主來說都更為友善。

相較於親子客群，飼養寵物的消費者更在乎不會說話的毛小孩在外出旅行時的環境舒適度與適應接受度。也因此當飯店所提供的服務若使毛小孩不開心，消費者就可能不願再次上門，反之若毛小孩顯現出十分陶醉的表情，心都融化了的主人再次帶寶貝來享受的機率就大增，相對的建立消費者忠誠度就更容易了。甚至像是不少養寵物的消費者會有自己的交流社群，一起逗貓遛狗時也會討論

分享適合寵物旅遊的飯店旅館資訊，為下次與（不論是寵物還是小孩）家人同遊時預作準備。

　　舉例來說，像金普頓大安酒店只要事先申請，都可以帶毛孩與主人一同前往入住專屬樓層，旅宿業者甚至還提供毛孩玩具、小床和食物以求人寵盡歡；君悅酒店同樣提供專屬樓層，讓消費者帶毛小孩時可選擇與寵物一起入住，但在其他樓層如出入大廳仍得使用推車或外出籠，遵守寵物不落地的原則。新竹英迪格酒店則提供可事先預約的寵物專屬房，為了維持服務品質，每天限提供三組寵物入住，一個房間限 2 隻寵物，飯店同時會提供寵物所需的相關備品。

　　當然，對其他沒有親子或寵物需求的消費者而言，更重視飯店旅館在分眾管理上，是否能分別妥善服務不同的入住族群，降低相互影響。畢竟在旅行時沒人想睡到半夜聽到小孩哇哇大哭，或吃早餐時被爆走的小孩干擾，更遑論怕狗或對寵物過敏的人被迫與他人的寵物共處一室……這些看似小事平日也許尚能包容體諒，但在旅遊時可能就無法忍受；畢竟消費者是付費來休息放鬆的，當然希望自己的需求被重視、不受打擾啊！

6.2

在地
特色

地方特色產品品牌力

　　不少關注台灣在地特色產品的消費者都曾聽過或看過「一鄉鎮一特產 One Town One Product, OTOP」所推薦的品牌與產品，這是經濟部中小企業處從 1989 年至今，為了促進地方經濟的平衡發展，運用各鄉鎮所擁有的特有產品，結合餐飲產業、農業、文化創意、地方創生、青年返鄉及觀光旅遊，而推動的整體計畫。

　　我自己在大學教書時也發現，有越來越多的學生對國內的鄉鎮特色產品亦發偏好關注。以農特產品為例，比較為人熟知的，像是官田的菱角、大甲的芋頭、公館的紅棗或是台南的文旦等。根據《經濟部中小企業白皮書》中對地方特色的定義是指——地方上具有文化特色的產業，以利用當地的原材料及勞動力為原則，將屬於傳統產業、勞力密集產業，具有歷史典故或悠久的文化傳承，集中在鄉、鎮、市、區、村、里或社區同一區位發展，內容以消費性產品為主。

　　想針對各鄉鎮之地方特色行銷，產生品牌差異化並增加鄉鎮能見度，事實上關鍵就在於，這項產品服務能否對於消費者產生價值意義，並使消費者產生與該地的連結。就像一些地區限定的伴手禮，消費者只有前往當地才能買到，進而產生旅遊商機；反過來，當消費者因於外部通路用過或買到這項產品後，誘發想前往當地認識產品生產製造的地方，最終達成地方創生的目的。

　　品牌再造的前端盤點，必須從自身條件、整體環境、消費市場及競爭者四個面向來思考，也因為國內的業者通常較「溫良恭儉讓」，四個面向當中，最不常面對的就是競爭者問題。曾經有一年，我試圖幫忙推薦一筆國際採購訂單，其內容主要就是 OTOP 的產

品，但當詢問業者關於銷售類似產品的競爭者，彼此之間有什麼差異，以及哪個更值得購買時，卻無法獲得明確的答案。

　　想做到像是水梨、茶葉或是稻米這樣的農產品，在市場上能被清楚識別，甚至讓消費者記住並產生興趣，這時鄉鎮品牌、製造產品的企業組織，就必須透過故事化的溝通，找出產品在地方特色的文化歷史定位，最終以消費者能理解的方式傳達出去，只有消費者理解而且認同品牌所說的故事，才能算得上是好的行銷故事。

　　這也就是為什麼我會認為 OTOP 有機會進一步發展為年輕世代感興趣之品牌的主要原因。因為當我們到誠品、創意市集，或是在網路上的特定社群中，都能發現年輕世代對復古懷舊、有意義的品牌故事有相當程度的認同，雖然在通路上的購買金額或數量上不若一般品牌的大量採購，但年輕世代更願意在社群媒體上分享自己喜歡的產品，將開心的旅遊行程及美照 PO 在 IG 或其他自媒體上，這也等於是幫助了品牌行銷的擴散。

　　最後回到產品及服務本身，近年來越來越多地方特色產品的包裝與設計達到一定水準，就像臺中市霧峰區農會的初霧‧純米吟釀、水源地文教基金會的「太平藍」藍染製品，或是順成油廠的珀金禮盒，設計都曾榮獲獎項肯定。而當我向年輕世代詢問這些品牌時，也不少人都曾聽過、甚至買過，可見真正的好產品對年輕世代來說還是具有吸引力的。許多特色商圈經由品牌再造與社群推廣，假日也能看到更多年輕族群前往旅遊的身影。

　　然而，如何在各地眾多同樣是地方特色的產業中，即便是互相競爭的同質性產品服務，找到各自的好故事與行銷方式，也成了地方特色品牌未來能否繼續吸引年輕世代的重要元素。若是各地鄉鎮、商圈業者用的都是同一套模式發展，就很難建立出真正屬於自

己的特色，當大家又盲目的相互模仿時，只會加速消費者產生厭倦和感到無趣，也失去消費者再次上門的意願。

傳統市場的美麗與哀愁

傳統市場俗稱「菜市仔 tshài-tshī-á」，由多個攤商共同組成，販售各種新鮮肉品、海鮮及蔬果，提供消費者與餐飲採購者，可以一邊挑選比較自己需要的食材，也可以一邊選擇傳統市場的特色餐飲，作為當下果腹或特別品嘗的特殊體驗。國內有許多悠久歷史的傳統市場，除了新鮮食材的販售之外，還有不少原生於市場的在地美食小吃，更是不少連鎖餐飲美食的發源地。

不少傳統市場的品牌相當具有知名度，像是每逢過年時，不少臺北人喜歡特別前往南門市場，或參觀食物頗負盛名且有名人背書的東門市場，也有人偏好經過改造後成為觀光景點的士東市場、華山市場。另外像是我自己曾經生活過的台中，也有相當知名的臺中市第二市場、第三公有零售市場及第五公有零售市場。此外像是新竹的東門市場及中央市場、高雄的鳳山第一公有市場、台南的永樂市場，都承載了許多人一代又一代的回憶。

以營業時間來看，傳統市場主要分成早市與黃昏市場，但兩者經營的主要內容及供應對象均不相同。尤其像是果菜批發市場、肉禽魚類批發市場及花卉批發市場，因為主要的採購者為餐廳的經營者及其他商家，所以除了零售之外更多的是企業採購，有的甚至會在凌晨就開始營業。

許多有名的餐廳，也常常會提及自己使用的食材，來自於廚師及老闆的精心挑選，除了產地直送之外，往往標榜由職人親自到傳

統市場選購,精心挑選掌握美味的源頭。傳統市場的無可取代在於除了便利的提供在地居民的立即需求外,也因為有不少供應攤商,雖擁有優異的食材原料,但因供貨數量稀少、價格偏高,無法納入現代化零售通路的採購制度中,反而因此能提供給願意出高價追求品質的餐飲業者,作為製作餐點時的美味來源。

有不少傳統市場除了供應新鮮食材,還有攤商自製的加工產品,以及特定的節慶餐飲供應,這些都同步造就了不少傳統市場的知名度。即使如今社會已有許多現代化的超市及量販店,還有不少生鮮電商都能滿足消費者的需求,但這些仍然無法取代傳統市場的存在,甚至更在行銷台灣在地的特色品牌時,許多國際觀光客及網紅對這些傳統市場仍充滿好奇,且深受吸引。

以東門市場來說,雖然多數以販售傳統的生鮮蔬果及各式肉品為主,但身為台北市蛋黃區,附近有不少居民非富即貴,所以市場商品價格相對偏高,但品質都還不錯。因此發展出的名店包含以水餃及港點出名的興記、飯店等級江浙料理的御園坊,甚至像是牛肉麵、燒鴨等,都有不少觀光客會慕名前來。南門市場由於位置靠近不少公家機關及達官顯貴的住所,所以更是發展出了以贈禮及功夫菜聞名的名店。像是專辦上海外省菜的億長御坊、專門製作鬆糕的合興糕糰店、傳統臘肉製品的萬有全臘肉以及近年崛起的快車肉乾,使過年時節的南門市場盛況空前,水洩不通。

雖然傳統市場常常給人一種比較陳舊,卻又帶有親切懷舊的氛圍,然而常常改建之後,多了點時尚,卻也少了些人情味。南門市場的主要消費客群以觀光客及購買伴手禮的人居多,在舊址改建期間中繼市場仍湧入不少人潮,東門市場則以鄰近消費者的客群來滿足。對台北市民來說,南門市場與東門市場所象徵和代表的意義不

僅相同，也由此可見傳統市場與現代化市場不一定是誰取代誰，而透過城市的發展與整體行銷，能更兼容並蓄的塑造出台北城市的品牌面貌。

傳統市場因為發展歷史與興辦管理者的不同，分為公有與私有市場，公有市場為經過政府許可，集中販售並合法管理；而較常見的則是私有市場，因為地方居民需求以及歷史背景，攤商自主性的聚集在一定區域範圍，雖然也有管理組織，但比較沒有強制的拘束力。也因此即便是傳統市場的發展，也可以發現有更多的年輕消費者，傾向選擇空間明亮寬敞、環境整潔有序，且攤商有一致性的品牌識別規範，同時商品售價也更為透明的公有市場。

但這並不代表私有傳統市場就因此失去消費者青睞，由於私有市場攤商的內容多元且自主性高，一旦市場出現缺口，很快就會有新的攤商進駐，也有不少二代或三代的年輕攤主出現。即便傳統市場的環境沒有獨立店面那麼舒適，考慮整體市場的發展與購買需求對新進品牌來說也更有挑戰性，但只要能在傳統市場中脫穎而出，反而更容易獲得消費者支持，也能使攤商獲得較高的利潤。

此外像是眷村文化、客家文化及新住民文化，很多都是透過餐飲的傳承，將傳統市場現存的好味道讓更多人有機會認識並記憶它，再持續傳承下去。也有一些特殊食材及作法，經由餐飲經營者到傳統市場採購，再透過創新讓更多消費者重新認識。或許當我們行走於到處都是超市及量販店的現代社會中，懷念起舊時曾讓我們念念不忘的好味道時，不妨走一趟傳統市場找找看吧！

6.3

原民
料理

餐飲創新助力

近年來因為國內餐飲產業發展成熟，消費者越來越有口福，大家擔心的不再是有沒有好吃的餐廳、好喝的飲料，而是開始逐漸追求，更精緻及更健康的飲食方式。所以不論是休閒農場、食農教育或台灣地酒，在這些議題的文化底蘊中，原住民族的飲食更是值得關注的焦點。

公布於原住民族委員會全球資訊網的資料中，政府認定的原住民族共有16族。包括：阿美族、泰雅族、排灣族、布農族、卑南族、魯凱族、鄒族、賽夏族、雅美族、邵族、噶瑪蘭族、太魯閣族、撒奇萊雅族、賽德克族、拉阿魯哇族、卡那卡那富族，人口約57萬5067人，佔總人口數的2.4%。

而各族的餐飲類型與文化背景，有的有互享相通的關聯性，有的則是明顯的具有專屬性，這也讓原住民料理的創新和應用，有了更多的發揮空間。根據行政院原住民族委員會2022年第二季統計報告，大約10.33%的原住民就業人口，投入到餐飲業及住宿業，是位居原住民就業人口第三高的產業，以就業總人數258,376人來估算，已接近2.6萬人。

而這麼多優秀的原住民朋友，事實上可以將既有的文化作為創新元素，融合進入不同的餐飲類型當中，也可以開設專屬原住民主題餐廳，結合地方創生的概念帶動整體產業及就業的發展機會。就像我常常在輔導業者時，總希望能嘗試規劃出原住民主題料理吃到飽的服務，又或者是在咖啡或飲品中加入馬告等獨特食材，也有不少原住民朋友已經在從事這方面的創新，我期待不久的將來能見到因此精進而成為市場廣受歡迎的餐飲品牌。

　　對於不少消費者來說，日常想吃到美味的原住民料理，相對來說並不容易，若是特別前往原鄉部落，更會希望除了美食料理之外，能有機會同時體驗原住民歌舞，在用餐環境中更完整認識原住民文化圖騰符號。這時我們必須先界定兩個關鍵問題：什麼是原住民特色料理方式，以及有哪些原住民相關食材可以應用。

　　首先是原住民獨特的料理方式，根據部分文化研究及原住民朋友生活分享，像是魯凱族傳統烹飪上以水煮和窯烤方式最為常見，鄒族烹煮肉類時也常見為水煮，而阿美族則較為多元，包含水煮法、蒸煮法、石煮法、燒烤法、烘烤法、燻烤法。其中料理方式很重要的考量原因在於，早期原住民的生活環境並沒有電器用品設備，因此像是石板、陶器等都是較容易應用作烹飪器具的盛裝器皿。

　　若希望能品嚐道地的原住民料理，維持原有的料理方式固然理想，但若希望更多的消費者能在都會及日常生活中也有機會享用，就必須結合現代電氣設備的應用，而更多的創新則是在原有的料理工具上進行改良，既保存傳統作法也能更方便的進行料理。另一方面則是在盤點各族不同的料理方式後，在找出必須維持的特殊料理方式，也借鏡他族更理想的作法，使原住民的料理的方式與質量提升。

　　從食農教育的角度來看，在地化的食材應用及教育消費者背後的意義，在原住民料理中可說是先知先覺。尤其是在地的野菜、現捕的海鮮、合法狩獵的山產及自行釀製的飲料酒品，原住民飲食文化多就地取材，其中透過祭典和說菜的方式分享，都相當符合我們現代的餐飲趨勢，更有機會進化結合創新概念，為台灣的餐飲產業帶來全新助力。

　　然而有些在地食材，因為生長及種植環境特殊，狩獵及採摘後必須更馬上食用，數量上也不容易大量取得，若是餐廳地點在原鄉部落或鄰近區域或許問題還好解決，但要讓原住民飲食更廣泛的進入大眾視野，融入都會日常生活的料理中，就必須思考如何取得並應用這些美味的原住民食材。

　　像是糯米、小米、芋頭、甘藷等食材，本就是其他族群生活中也常會使用的共通食材，而山蘇、樹豆、麵包樹、紅藜、翼豆、紅鳳菜、馬告、刺蔥、土當歸及車輪苦瓜等，就屬原住民料理中較為獨特的食材。藉由向大眾介紹賽夏族的糯米酒及糯米糕，從食材的取得應用，到吸引消費者產生興趣想品嚐購買的過程，就是很好的餐飲文化連結。

　　另外像是苦花魚、飛魚、溪蝦、山豬等，也都是不少消費者很感興趣而也深具獨特性的食材，若是能善用這些原住民文化的特殊食材，融入消費者常見的料理中，也能藉著飲食文化更認識原住民族，這也是種豐富國內餐飲創新的方式。例如排灣族傳統食物吉拿富（cinavu）、排灣族的阿拜（abai），都是相當具有特色的餐點，若是能保留食材的應用，加入品牌行銷的創新溝通，甚至有機會在大眾視野中成為關注的話題。

　　我曾吃過刺蔥山豬肉口味披薩，也喝過馬告風味咖啡，還收過多種包裝精美的小米酒和糯米酒；同時，在原鄉還有機會品嘗到真正道地的原住民料理，將飲食融入與祭典文化結合。透過日常生活中的餐飲，向來都是認識對方文化的一條最佳途徑。我在《食與慾－大快朵頤的餐飲趨勢全攻略》一書中指出，餐飲業的創新不只是在食材或料理方式上，需要融入更多跨界的新觀念，及充分與消費者溝通。

　　透過行銷，我們能將更多原住民美味介紹給國人認識，讓更多的消費者因此認識原住民各族的不同文化，有助原住民文化的存續；期許有朝一日，市場上出現米其林背書的原住民餐廳、獲國際獎項肯定的原民風味烘焙麵包，甚至是在國產原住民創新咖啡上架海外通路，經由觀光及產業輸出，將原民美食推向國際，成為台灣人的驕傲。

07

線上買不停

科技始終來自於人性，在數位服務上的購買行為，必須持續調整與進化，才能跟上消費者的期待，而未來關於資訊安全與虛實整合，更是品牌必須思考的重點。

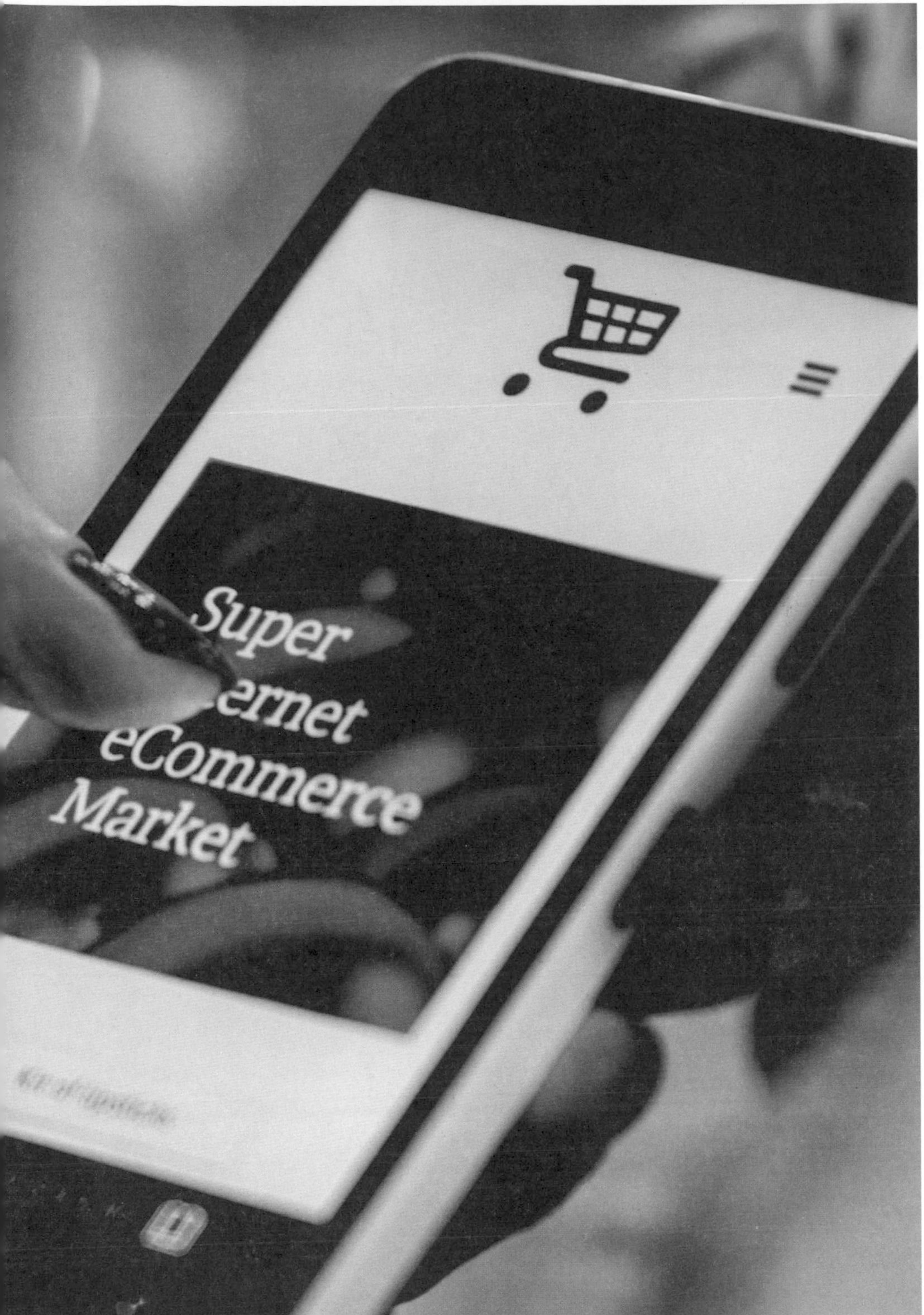
Super
eCommerce
Market

7.1

電商
大戰

雙十一的光環還在嗎？

自 2009 年阿里巴巴集團發起雙十一購物節，成功的帶動了本身及其他電商的業績與品牌發展，也影響了消費者購物更關注促銷與集中消費的習慣，然而為了分散過度集中的業績和運作資源，各家業者也逐漸發展出各式各樣的品牌購物節、618 年中慶等。但每逢十月十一日到來，眾多電商與實體通路仍不願放過這個大好機會，競逐吸引消費者目光，爭取購買機會。

根據 2023 年經濟部統計處的資料顯示，由於網購營收持續擴張，當疫後消費者回歸實體通路，部分行業的網路銷售增幅明顯縮小，像是資通訊及家電設備零售業等，不過綜合商品零售業、布疋及服飾品零售業、家用器具及用品零售業的銷售營收規模則續創新高。近年來電商業者配合節慶創造出的購物節，包括從 618 購物節、雙 11、雙 12、黑五購物節等，節慶行銷活動的助攻使得電商業績持續成長，但也使產業營運更加依賴各大節慶活動的運用。

平台資源運用的競爭

綜合型電商平台如 MOMO、蝦皮、PChome，是消費者最常選購使用的電商品牌，Yahoo 超級商城則因策略調整於 2023 年底收攤，未來將專注經營購物中心與拍賣，至於二手市場則是露天拍賣（PChome 集團）一枝獨秀。在跨境電商中，阿里巴巴集團的天貓淘寶帶起了雙十一的旋風，今年則有韓系電商 Coupang 酷澎緊追在後。

也因此除了 Yahoo 以外，每逢大型購物節慶，像是 618、雙

十一等，台灣使用人數前三名的電商，MOMO、蝦皮及 PChome 總是受到最多關注。MOMO 富邦媒體科技旗下包含 MOMO 購物網、摩天商城、電視購物及型錄購物，是電商平台中無店鋪型態最完整的品牌之一，根據公司的公開資料，2023 年第二季的營業收入，網路購物達到了 96.3%。同時富邦積極以「MOMO 幣生態圈」的方式，計畫提升服務內容並鞏固會員忠誠度。

過去在雙十一購物節最受到關注的跨境電商天貓及淘寶，受兩岸議題與相關規範影響，在台灣消費者關注度與購買金額上均不如以往，Yahoo 電商也因為自身在進行轉型，2023 年再次將焦點又放回 Yahoo 拍賣上，還運用當年與 eBay 大戰時的「唐先生花瓶」廣告，試圖喚起以往的消費者回歸。

來自新加坡的蝦皮購物進軍台灣市場時，靠著大量補貼使會員數快速成長，初期以「蝦皮拍賣」C2C 的營運模式為主，但隨著經營規模擴大，也加入了許多 B2C 企業並推出了「蝦皮商城」與「蝦皮 24h 購物中心」，同時為了掌握終端消費者，近年也大量開設蝦皮店到店的實體門市。

PChome 集團包括「PChome 24h 購物」、「PChome 商店街」與「露天拍賣」，同時經營日本跨境代標代購電商「Bibian 比比昂」，並且與美國 eBay 及韓國電商 Gmarket 都有合作。PChome 也和中華電信與中國信託等金融產業結盟，建立 P 幣點數生態圈並發揮其功效，讓消費者可將點數依照需求做轉換。

而今年度最受矚目的當屬韓系電商 Coupang 酷澎，針對台灣市場哈韓族消費者對韓系文化及韓國商品的偏好，在平台上推出大量受歡迎的韓國食品，再結合「首購 7 折」、「300 元補貼」與「快速到貨」等優惠訴求，讓不少消費者願意嘗試首次下單，再加上輕

易可達免運門檻，更是可能直接衝擊其他電商的代購業者。

消費行為的改變

在雙十一電商大戰開打之際，更值得關注的是消費者購買前的行為，就像雖然各家電商都有 APP，但仍有不少上班族會使用電腦或是手機網頁版瀏覽網頁，對在乎商品價格習慣比價的消費者來說，就更依賴這樣的資訊。但若是曾在特定電商消費過的會員，則會考量會員福利與累積優惠，即便稍有價差仍傾向選擇自己偏好的品牌。

電商市場競爭激烈，除原先多半仰賴委外業者配送，逐漸也開始發展自己的物流配送系統，不但能降低營運本，還能獲取利益最大化。電商品牌物流配送的速度及免運條件也明顯影響消費者使用意願。為滿足消費者快速收到訂購物品的期望，網路購物的配送時間因此逐漸縮短到 24 小時、12 小時到貨、早上下單下午到貨，甚至 6 小時快速到貨。物流也成了電商競爭的新戰場。

像是 PChome 推出當天配送的服務，Coupang 酷澎也強調跨境電商快速送達，若是寄送同一個城市還能結合 Foodpanda、Uber Eats、Lalamove 等外送平台，不到一小時即可將物品送到消費者手上。但是從免運的需求而言，蝦皮店到店更是掌握了最後一哩路，讓消費者願意持續在電商平台上購物。同時蝦皮店到店與台灣第四大超商連鎖體系 OKmart 合作，全台 OKmart 門市皆能與蝦皮店到店門市相互寄件，也更強化了末端通路的整體效益。

消費者對電商雙十一大戰的期待感

消費者在經歷了近幾年雙十一的購物熱潮後，購物變得更深思熟慮，不論是搶購時電商平台當機、到貨時間過長、買到問題商品還是興奮購買後感到空虛，這些都造成消費者選擇下次購買時更換電商品牌，或是乾脆減少消費，或甚至不買。尤其是當實體通路的消費體驗也越來越進步時，對電商平台而言，只有爭取更多商品廠商進駐並推出更符合雙十一時機購買的產品，並持續調整促銷折扣相關優惠方案，才能繼續吸引消費者上門回購。

在電商上架的品牌商店、不論是商品供應商或小型二手賣家，除了必須評估每個電商平台的品牌競爭力、相關物流與金流的便利性及上架成本，還要思考在平台內的競爭者，當平台內的同類型競爭者都很強大時，如何運用自身的商品和價格優勢突圍，也是重要關鍵。也有電商選擇為了解決根本性的問題，投入更多資源擴大倉儲規模，或是開設店到店提高物流效率，幫助消費者完成下單後的服務問題。

在操作介面上，有的電商平台購物介面版面設計就像是大雜燴，密集將圖片、介紹、價格與折扣促銷排在一起，即便是使用手機 APP 也會覺得閱讀不易，在雙十一之類的促銷活動當下，消費者更可能因沒有耐心閱讀而轉向能更容易理解及更快結帳的電商平台，或者只購買原本曾消費過的商品，像是零食、泡麵、尿布等。在同時與 20 個品牌競爭或是與 200 個品牌競爭的情況下，消費者往往習慣平台內搜尋「最低價」、「最佳推薦」或「最高評價」等字眼，若無法吸引消費者設定最愛追蹤或立即放入購物車，那就連賣出去的機會都沒有了。

　　同樣的商品在不同的電商平台上，價格的折扣差異的確會直觀的影響我們是否購買，但若是「全站滿額再折扣」或「限時搶優惠」，都能成為使消費者增加平台黏著度的誘因。另外透過與知名品牌、明星及 KOL 的合作，綁定直播的時段和優惠內容，也能帶動消費者觀看和購買的機會。

　　越來越多人對小幅度的折扣和優惠不如以往執著，轉而開始重視購買的實際需求和電商平台的整體體驗，包括雙十一節慶過程中品牌與消費者之間的溝通和以往消費的痛點能否獲得解決。畢竟即便不買雙 11，還有 618、週年慶甚至是 38 女王節等等，一年中有那麼多的購物節，這次不買下次也還能搶得到優惠。

　　更重要的是，當各大實體通路也都有經營網路購物，甚至是與外送平台直接合作時，消費者更會考慮品牌持續性的會員服務和專屬優惠，不只是一次性搶便宜的興奮感。畢竟不論是本土電商還是跨境電商，都不可能只依靠每次促銷過節才帶來業績，只有當消費者平常就會買，過節優惠買更多，甚至是因此對品牌的新品及服務持續產生期待時，才能帶動整體業績的真正成長。

激情過後的狂歡和餘溫

　　根據 2022 年資策會發布的雙 11 購物調查，常參加電商購物節的消費者已高達七成，曾於電商購物節進行購物的消費者，會在雙 11 購物的金額平均達到 16,034 元。對於消費者來說，有感促銷的前五大方案，依序為「免運」、「折價券」、「限時商品優惠」、「購物金贈送」與「行動／電子支付優惠」。

　　但從我們近年的觀察，由於上述促銷方案各家電商幾乎都有推

出，因此想更進一步吸引消費者，得靠更大幅度的曝光接觸，使消費者直到結帳前都不斷地被提醒。在競爭激烈的情況下，促銷方案不論多吸引人，都必須要能夠被消費者注意到、甚至願意購買才有用，可見透過行銷傳播的溝通就更為重要了。

雙 11 作為最大規模的銷售導向節慶，以往甚至影響到了百貨公司周年慶的商機，透過大量廣告宣傳與媒體曝光，成功影響消費者產生購買意願與行為，電商的最終目標是希望藉由各種促銷方案組合，達到掏空消費者錢包的目的。我曾在《節慶行銷力：最具未來性的品牌營收加值策略》一書中將成為成功節慶促銷活動專案的七個必備條件整理出來，包含環境解讀與預測能力、專案企劃能力、年度規劃架構能力、節慶主題企劃能力、促銷活動設計能力、數位整合行銷思維以及消費者需求認知思維。

對電商品牌來説，可運用「品牌耶誕樹」的概念來發揮，因為品牌的發展就像一棵大樹的成長，成長方向的指引就是「品牌核心發展策略」。每一次成功的節慶與促銷方案，都能幫助品牌累積持續成長的實力。雙十一購物節正是電商品牌將各種行銷資源與媒體傳播曝光極大化的機會，也是品牌對消費者製造錨定效應的絕佳時機。

雙十一電商的行銷方式，最常見的就是網路廣告、社群行銷、名人及網紅推薦，以及近年來火紅的影音行銷。像是 MOMO 購物網 2023 年選擇宋芸樺與蕭煌奇代言，並且運用「老司機」的聯想，增加趣味性及消費者話題討論；PChome 則是選擇與知名啦啦隊員合作，以直播和競賽方式炒熱氣氛，同時帶動消費者節慶期間的品牌黏著度。

蝦皮則是訴求「安心退、退貨免運費」，讓消費者除了在運費

減免上，維持品牌的特色促銷方案，同時加入了更容易的退貨機制，降低消費者買錯或是不喜歡的售後風險問題。酷澎在雙十一的行銷傳播上相對平穩，主要資源方在大量的網路廣告投放，不論從搜尋引擎的關鍵字廣告、YouTube 的覆蓋式及版位廣告，以及不少知名網站的彈出式廣告，都能使消費者被鋪天蓋地的接觸觸及。

　　在電商產業常見的行銷工具中，透過在 Google、YouTube、Facebook、Instagram 等媒體平台上投放廣告，將節慶活動與折扣訊息推播給目標消費者，並經由消費者關鍵字搜尋自身感興趣的議題，以達到品牌與受眾精準溝通的效果。此外，付費邀請部落客、社群網紅及 KOL 業配導購，藉由較高知名度的公眾人物運用影片或文章附帶連結介紹產品服務及分享心得，或藉關鍵字串聯來達到消費者點擊目的，最終促成消費者購買的機會。

　　然而在跨境電商與對岸短影音平台於雙十一營造出一股熱鬧的體驗氛圍帶動風潮的同時，仍有不少人寧可選擇當地直送的電商來進行交易。主要原因受限於相關法規，像是跨境快遞、郵寄貨物限定上、下半年各 6 次、消費金額 2000 元以下者才得以免稅，一旦超限就必須繳稅，直接墊高了消費者的購買成本。因此，消費者固然面對極具吸引力的跨境電商直播價格促銷方案，仍需審慎評估購買後的集運等相關問題。

　　過去的雙十一有如刺激的「一夜情」，電商平台無不下猛藥吸引消費者，然而後續為了使消費者持續回購，越來越多業者在雙十一期間透過觀察消費者搜尋資訊、偏好品牌的停留時間、商品價格與促銷選擇偏好，再到售後服務保固、會員點數回饋及回購提醒採用 AI 人工智慧及大數據分析，試圖為效益逐漸衰退的雙十一找到更多的附加價值。

百貨週年慶和電商雙十一

　　早在十年之前，不少消費者習慣每年期待在百貨公司週年慶時，排隊領回店禮、會員禮，有計劃的一次把要買的家電、精品奢侈品、化妝品，甚至是高價的餐器寢具等，趁優惠一次通通買到手。

　　但在電商的雙十一購物節開始出現後，當消費者少了那些實體搶購的過程，能直接期待當天或是前兩天的超優惠預購及限量超低優惠，在購物的體驗上可說是完全不同，雖然也能一次數十萬、上百萬的買，但網上即時搶購的刺激感卻常常是驅使消費者購買的原因。像我個人即使也曾有幾次在電商雙十一購物節時搶到了一些優惠商品，但總體上還覺得搶網購有些讓人失落，還是偏好事先列好清單，然後在百貨公司週年慶時按計畫完成採購的購物體驗。

　　其實，從「愛情三要素」來分析就能發現，百貨週年慶的消費過程好比戀人談戀愛，但電商的雙十一卻比較像一夜情，原因在於底層邏輯的促銷方案設計與消費場域營造均不相同。接著我們就分別視「激情要素」、「承諾要素」和「親密要素」之間，兩者有什麼區別。

　　「激情要素」喚醒並刺激人類的情緒反應，使我們感受到強烈的興奮感。百貨公司週年慶的消費場域，屬開放式實體通路，不容易激起消費者立即且持續的消費慾望，但電商雙十一的促銷方案，常利用每個小時超低價的限量商品來刺激消費者的產生激情，就像追求刺激的一夜情，歡愉但無法持久。

　　「承諾要素」則有意識地讓我們建立彼此相屬的義務關係，對不少高淨值消費者來說，搶不到限量的愛馬仕比搶不到優惠更讓人

傷心，這些高價珠寶奢侈品牌的消費者都必須持續累積消費，才能符合一定的 VIP 條件，這時就像是戀人彼此承諾一般，週年慶只是讓這樣的交易在雙方都更滿意的情況下完成。

至於「親密要素」的建立，則是雙方之間存在的緊密連結，使消費者對品牌的持續關心。從促銷工具的應用上可發現百貨公司週年慶常用的「買千送百」，不但希望消費者能在當下完成交易，更多的是希望買家再次上門，使交易機會再次出現。有些品牌則是能在原有的交易金額外，再利用贈送的優惠提升整體的交易金額，或限定所贈優惠需在下一筆交易時才能使用。但雙十一電商更常採取的是直接在當筆交易金額滿額打折，這是提升消費者立即行動完成交易的關鍵，故消費者當下銀貨兩訖完成交易後，在短時間內不見得會再次上門。

然而，不論是百貨公司週年慶還是電商雙十一，對多數品牌而言，都是重要的業績來源，無不希望消費者能買得開心，品牌也滿載而歸。至於究竟是能長久掌握消費者的情感連結的一方還是能滿足消費者追求一次性刺激的業者行銷方式能擄獲消費者的芳心，就得看消費者是否買單了。

品牌電商的營運價值提升

在「元行銷」的時代，電商一邊與消費者達成交易，同時也透過提升消費者體驗的整個流程，包含新品推薦、節慶促銷、客戶服務、物流倉儲等支援系統的順暢，建立消費者與品牌間的黏著度與好感度。對電商來說，除了交易之外，更大的價值是整個交易系統所產生的大數據，讓企業及相關合作廠商能更精準的預測消費者行

為作為整體營運的參考依據。

不少原來具有實體店的品牌，更透過 O2O（Online to Offline）的模式經營，強化對消費者的購物便利性及溝通，使消費者能選擇更方便，適合自己的購物方式及取貨地點，也能在消費前進行更多的搜尋比較，同時在消費者希望能看到商品實際比較確認時，也有實體場域可以滿足消費者需求。甚至能經由社群論壇，讓消費者更快找到參考資訊，比較後直接連結到電商平台完成交易，這些都是經營業者必須思考的消費者需求。

多數人認為投入電商能降低成本，但若是沒能事先掌握生存的關鍵，可能因一個誤判導致像庫存問題、瑕疵退貨、服務客訴及營運人才流失。唯有自身能明確掌握自己期待的電商營運模式，才能更精準的計算投入的成本費用，例如軟硬體投資、更新成本、日常維運費用、固定及約聘人員薪資、績效獎金等。

相對的，我們必須對投資的回收期有多長、投資報酬率、營業額、純利潤等有所認知，同時當品牌希望能於實體通路與電商都帶來效益時，就更必須建立品牌形象作為經營指標，畢竟與消費者的溝通方式可能隨時代改變，但消費者的需求若能透過品牌獲得滿足且持續認同，就願意繼續給予支持。

品牌跨足電商的七個關鍵

市場上仍有不少企業有意跨足電商，或想加碼在電商市場上的行銷投資時，我認為可思考以下七個關鍵面向。

一、掌握現有的會員資料並加以分析，從消費者的購物行為、習慣通路、購物偏好等角度，來決定電商如何強化會員線

上的回購機會，同時結合點數累積及專屬活動，提升會員與品牌間的羈絆。

二、掌握持續成長的消費市場，包含更多的銀髮族希望能自己線上購物，或延伸提供新產品服務因應寵物市場動漫族群的需求，經由分眾化經營來達到品牌形象的強化。

三、從品牌經營者及行銷人出發，運用「元行銷」思維，從自己身為消費者的角度出發，發現現有品牌所沒做好的產品服務缺口，再運用創新的概念去加以改善強化，真正做到使消費者滿意度提高。

四、有實體店面的業者，包含餐飲、服飾飾品、雜貨等，既然無力與大品牌較量，何妨著重在自己的「全通路行銷」，經由實體門市、社群工具、各大電商平台賣場及其他有效建立關係的互動管道，讓消費者能一直看見，持續與之溝通。

五、掌握稀缺人才。工作壓力大加上少子化的衝擊，使不少電商的人才流動性居高不下，這時可透過與外部專業單位進行合作，在高階策略人才方面藉由尋求有經驗的專業人士協助，基層人才需求則是可以透過與大專院校深度合作，從年輕幹部開始培養。

六、決定主要電商交易模式。企業（Business）與顧客（Customer）的關係可以有多種組合，有的業者適合滿足其他企業的採購需求，有的則適合大眾消費者的民生消費，關鍵在於業者須掌握核心產品及服務優勢。

七、以節慶行銷與故事行銷提升品牌溫度，企業透過不同溝通管道接觸消費者的同時，更有系統的規劃年度行銷方案，

運用「節慶行銷力」與「元行銷」的概念，使消費者在完成交易之餘，更願意對品牌時常關注。

7.2

外送
服務

服務流程與循環經濟是關鍵

對不少人來說，外送平台的重要性就等於是自己家的餐廳一般，我身邊的家人朋友甚至一周內叫外送餐飲最少在 2～3 次以上，然而隨著生活模式不斷調整，叫外送的頻次也逐漸降低，對原本具龐大需求的外送平台來說，尋找新商機的必須性也跟著出現。隨著消費行為改變，傳統零售商和電商為了要增加接觸點，強化與消費者之間的聯繫，在通路上進行虛實整合，包含實體門市、企業品牌 APP、以及官方網站及社群媒體，也與大型電商及外送平台合作，把握各種與消費者建立連結的機會，也盡可能展現出與競爭品牌的差異化。

根據 2022 年資策會 MIC 調查，消費者使用外送服務的前五大考量，主要為「優惠折扣、運費價格高低、服務便利性、餐點或品項價格高低、可降低接觸人群機會」。更進一步，外送服務的便利性已不限於餐點，更包含了其他生活需求的即時運送。外送平台也更積極掌握節慶商機來建立與消費者的連結，例如 foodpanda 利用「國際咖啡日」，聯手星巴克、路易莎、黑沃咖啡、老窩咖啡、Dreamers coffee 等連鎖品牌祭出優惠，讓消費者在家或辦公室都能更便利地喝到咖啡。

當消費者對購買與取貨有越來越多不同的需求時，實體零售通路像是四大超商、全聯、各大量販店、連鎖藥局、藥妝店等紛紛加入戰局，2019 年 Uber Eats 轉型成「隨點即送電商平台」，大舉擴張合作商家數量，而 foodpanda 推出自營虛擬超市「熊貓嚴選（panda now）」及純物流品牌「pandago」，提供非透過平臺進行交易的商務短鏈配送服務，也大幅提升了訂單量與成長率。

國內許多外送員也希望自己能在擁有彈性的工作時間方式下，也能獲得足夠的收入，這時平台為滿足市場需求就需提供更多元的接單機會，甚至是延伸性的收費服務。

虛實之間的競爭

以 2023 年資策會 MIC《外送大調查》顯示，過去外送平台的霸主 foodpanda 與 Uber Eats，常用度皆有所縮減，但是第三名 foodomo、第四名 PXGo！小時達，卻都有急起直追的現象。而其中的關鍵就是消費者除了餐飲需求外，更多元的外送商品服務也就成了選擇平台的考量。同時，從相較過去現今企業的需求降低來看，C2C 的市場就成了新的機會。

比較現有的即時外送平台服務，使用 Lalamove 的消費者可以當日預定、提前預訂以及 GPS 即時追蹤委託配送的貨物，foodomo 為統一集團旗下平台，特色為排隊代買及揪團功能，Cutaway 卡個位只單純提供代排代買代送服務，專門針對限量商品與高價位的餐廳，服務客群也更為明確。

Foodpanda 擁有眾多合作店家，在餐點的選擇上較有優勢，時常推出各式免運費優惠，可以提升消費者的使用率，便宜且固定的運費也是吸引消費者的優勢，使用者每月必須達到最低消費額，否則得加價來補足差額。Uber Eats 則是時常發放多張優惠卷，可以折抵訂購餐點時的金額，外送員的資料呈現也更加完整，可接距離較遠地區的外送訂單，訂購餐點無低消限制。

C 2 C 的外送缺口龐大

　　過去當我們想寄包裹或外送一份文件，甚至是精美的禮盒到對方手上時，所能選用的既有品牌有的即便歷史悠久，但服務時效很差，甚至服務態度令人不敢恭維，還好後來出現了超商店到店的服務，解決了部分消費者的困境，透過親自到附近的指定店家取貨，一般而言物件運送過程還算平安。

　　但若是趕時效，比如送貨有新鮮度及高度運送安全要求時，市場出現了一些專門提供即時跑腿服務的出現。然而就我自己過去的經驗，雖然多數時候業者能順利的將物件送到對方手上，但偶而還是會出現叫件了卻遲遲無法配對取得服務，甚至遇過取貨後派送員卻坐地起價的負面經驗。

外 送 服 務 的 範 圍

　　當我們臨時需要晚上送件給朋友、求婚忘了帶戒指、長輩生日想親手做蛋糕，但無法親自運送時，若有業者能免除消費者隔天一早等郵局開門或刻意前往實體門店收件的麻煩，提供打破收送件時間限制、運送物件本身條件，更多元的送件方式，這樣便利且具時效的服務方式勢必能得到消費者青睞。

　　國內現存的外送服務少見延伸性的服務內容，但是從國外的例子中可以發現，許多 C2C 的外送案件業者其實都會希望外送員在送件之餘還能再提供像是代為傳話或完成指定任務的服務，這點原本國內的業者基於發生意外狀況時難以釐清責任歸屬，故通常不鼓勵外送員接受委託；然而在考量 C2C 送件的原因及業者可能額外

付費的情況下，是否能夠擴張延伸服務範圍則是外送業者可以思考的機會之一。

銀 髮 族 的 即 時 服 務 需 求

不少長輩的憾事發生於子女不在父母身邊時。若子女無法即時聯繫上長輩，透過外送平台提供的服務，除了滿足子女為銀髮長輩送餐送藥的需求外，更重要的是能在必要時授權外送服務人員有條件的協助長者，以免意外發生。例如子女請外送員送餐，但當長輩雖然在家卻遲遲沒有回應時，外送員除了回報客戶，在客戶無法分身且需要人手幫忙時，可以接受客戶將鑰匙作為快遞物件，在客戶同意下讓外送人員進入屋內確認長輩安危。

另外像是具有特殊證照的外送員，若能接單加價型的居家外送服務，不但能填補現有居服員不足的臨時缺口，還能維持原有的外送工作收入，畢竟當外送本身特別是 C2C 的狀況時，單純取件收件的工作內容，很難產生更高的附加價值，但若以國外外送員幫助長者挽回一命的例子來看，因為，這時候就更能彰顯外送平台的社會功能。

B2B 的 利 用 機 會 提 升

很多小型企業之間的 B2B 交易，其實也可以透過「去中心化」的方式，降低透過電商平台交易的抽成及手續費。不少企業會長期透過電商交易購買需要的物資，但對供應商而言，電商上架必然還有額外的費用，但若是選用外送平台本身便具有金流的功能，相對

除了外送費外，還能減少必須給付其他中間通路的費用。

對於 B2B 的市場來說，現有的外送叫件服務其實相當常見，尤其是像運送文件、小包裹等，但也有不少人因在公司使用過特定品牌，這時即便是自己付費的 C2C 外送，也會委託給自己信任的品牌。此時當其他品牌要切入市場之際，就必須思考如何提升滿足企業及同仁的接受機會。

循環經濟的考量

外送產業面對新模式的出現時，其中能夠提升品牌形象，又能在永續與減碳議題搭上邊的，當屬循環經濟的結合。C2C 的模式中消費者一則希望節省時間，同時又希望運費不要太貴時，外送員移動模式的多元性，勢必是業者須要考慮的，當搭乘大眾運輸工具或騎腳踏車也都能完成任務時，外送員是否能有效的簡化配備應案件制宜，更是聰明滿足需求的重點。

很多消費者甚至會有「逆物流」的環保需求，像是不少人使用店家的環保杯、環保餐器，當辦公室內不少人同時有此需求時，外送員一次收件後將餐具送到指定品牌完成回收，也成了使用平台並結合循環經濟的考量。

是機會也是挑戰

C2C 的外送需求缺口其實一直都存在，但過去的快遞業者考量經營成本，無意滿足這樣的消費者需求，再加上在完成這最後一哩路的過程中，外送員本身還需接受更嚴苛的訓練才有辦法達成

任務。畢竟當消費者急著開會，文件卻仍未準時送到，或是求婚已來到高潮，客戶的鮮花和蛋糕卻在運送過程中摔壞，那比起送餐晚到、飲料溢出，可是嚴重得多。

在外送產業服務量能提升的同時，客訴案件也大幅成長。根據行政院消保處統計，2020 年外送平台的申訴案，其中 foodpanda佔 1688 件，Uber Eats 占 289 件，其中的消費爭議類型多半為取消訂單、商品未在時間內送達、客服或外送人員服務態度不佳、外送人員與消費者溝通不良等，這些都是當業者打算延伸擴張服務範圍時必須先解決的問題

許多餐廳為了平衡外送平台抽成，而將餐點價格提高，以補足獲利減少的差額。另外餐廳製作餐點時發生餐點訂單有誤，造成消費者收到不如預期的訂購餐點，或是因外送人員送餐過程找路不夠熟悉而延遲，甚至是外送員偷吃消費者餐點的特例卻也仍不定時發生。

而循環經濟的背後也是品牌形象的挑戰，其實多數外送員寧可配送剛煮好的咖啡，也不一定願意把用過的杯子分放在外送箱中，如何克服消費者負面觀感及平台本身的社會責任，企業必須重新評估外送的交通方式。當外送業者不只考量企業買單，而是希望能爭取更多消費者自身也願意下單時，就必須思考如何勝過現有的品牌競爭者們，使更多一般大眾愛上你。

外送尚待解決的問題

事實上，如同多數的企業一樣，企業要能獲利生存得優先面對台灣市場的實際需求，不然所謂的「共享經濟」，只是讓原有的需

求切割細分，讓從業人員選擇自己所能負荷的方式來服務消費者。就像外送員送件途中發生意外的事件時有耳聞，不論是傷人還是被傷，當市場有外送服務需求，外送員不顧道路安全疲勞工作欲賺取更多的收入之際，狀況已超出了合理範圍。

部分速食業者其實也提供商品外送服務，但在勞動條件和企業經營原則不同的情況下，也鮮少聽聞如外送業者這樣頻繁的事故發生率。我認為背後有三個原因才是真正的重點：

一、顧客對外送遲到的評分機制，影響到外送員的接單機會和評價，但在非理性的情況下，顧客很難改變自己是付錢大爺的心態，迫使外送員只能用速度換取好評。

二、餐飲業者過量接單。有時我們會看到有的店家門外有多位外送員等候，但當下店內顧客也在的排隊，在餐飲業者供應不及時，壓力和時間也成了外送風險。

三、共享經濟的本質缺陷。一旦企業必須大量聘雇員工，增加的營運成本就會轉嫁到外部費用上。但當外送員與企業之間是「承攬關係」時，相對彼此都得要負擔工作上的勞動責任並分擔成本。

難道鼓勵更多人投入共享外送市場紓解人力不足，或是限制接單的時間與次數就能改變外送生態嗎？這樣或許又違背了外送員從業的原因。所以真正解決問題的方法，或許還是得回到提供系統的業者身上，當面對更長的外送距離、更久的等餐時間，或是更糟的交通狀況時，如何讓顧客能提早完成訂單，使餐飲業者能做好準備，且提升企業對外送員的勤前教育與人生保障，或許是因應當前需要一項更好的作法。

08 實體
是王道

對於零售通路來說，消費者入店消費不只是把逛街當作單純購物，更多的是視之為娛樂休憩；業者若是能掌握消費者一站式購足的需求考量，並適度營造能增加消費者的黏著度的場域體驗，就有機會帶來更持久的業績收益。

PINEAPPLE
菠蘿
£1.69/EACH 5·1

ATSUMA
橘

49 /KG 每公斤

ORANGE
橙子
£ 0.39 /EACH 个
每个

8.1

超市
與
量販店

三大二中的戰場形成

在超商、超市和量販店的競爭中，受到不同品牌或類似經營模式的挑戰，以至使品牌受到壓迫與緊張關係，這個現象就發生在全聯／大潤發與統一／家樂福身上。原本不同的通路類型，像超商與超市各自有主要的經營模式與客群，但在台灣因消費者需求的持續改變，導致兩者產生通路上的競爭，更在集團的經營方式上直接產生衝突，兩大集團各自併購了量販店後，競爭也更加白熱化。

過去台灣有很長一段時間，超市與量販店各有一片天，超市針對社區發展，主打生鮮與小家庭採購的便利性，量販店則是以供應分量大、價格更便宜為訴求，然而因為本屬即時方便快速結帳的超商，透過集團資源與中大店型的區域指標店，佔據了部分超商的市場機會，因此超市只能選擇讓往量販店的領域發展，或深耕更小規模的特定消費族群。

統一集團收購了家樂福、全聯集團併購了大潤發、以及來台發展的好市多，已形成了三大領導量販集團，而三商集團的美廉社、遠東集團的愛買則居兩者之中，可說是已形成了大者恆大的集團發展型態。在「強強聯手」的狀況下，全聯／大潤發與統一／家樂福的併購，則是針對公司需要所產生的互補，企業合併後的綜效顯現在集團採購的經濟規模上，更重要的是提高市場佔有率。

超市的商品類別雖然較量販店少一些，也沒有龐大的店面，從生鮮農產品到飲料泡麵，以家數超過 800 家的美廉社來說，其理念為提供「最具競爭力的價格」，相較於超市龍頭全聯的大量促銷活動與品牌活動，美廉社部份商品的售價甚至更低，以差異化的經營策略守住不少區域型消費需求。而愛買則是以特定節慶活動及與

遠東百貨持續連結的方式，也持續將集團資源有效運用發揮。

　　超市的經營達到一定的店數後，就能提升營運的經濟規模，透過擴張店數有機會增加能見度市，但並不代表就能提高市占率。隨著消費者的需求產生變化，業者的經營模式也需因應調整，否則即使店數不斷增加，來客數或客單價下降，營業額無法等比例提升，甚至可能造成營運成本增加。美廉社在商品策略上會依照不同的經營商圈來做商品銷售組合，透過 活調整品項來滿足當地的消費族群，雖然在會員經營上還有進步空間，但像我常買的進口啤酒，就成為成功吸引我常常回購的特色商品。

　　領導品牌全聯則是以中大店型來做市場區隔，針對商業區及富經濟實力的商圈，以大店型的豐富商品來滿足需求，小型住宅與地方鄉鎮則用中型店型，降低成本之外也讓消費者更有親切感，而大宗採購和全品項產品，則逐步交給大潤發來發展。家樂福則是用「market 便利購」在都會型社區及中小型鄉鎮持續展店，家樂福在併購頂好超市後更是大幅提升店數，目前僅次於全聯福利中心，確實也對全聯造成相當壓力。

巨型通路的優勢

　　量販店不僅店面龐大，主要針對價格相對敏感的消費者，自有品牌的比例較高，以集合式採購方式，對中小企業類型的 B2B 目標客戶具採購吸引力。而從行銷資源的整合上，全聯與大潤發相對更快速進入狀況，透過促銷活動的聯動與集點贈品的共用，取得對供應商的談判籌碼；而統一與家樂福則更是在產品供應上有更高度的集團連結，這時不少進口產品的進貨成本降低，也逐漸反映在統

一超商的末端售價。

好市多則採「收費會員制」，以進口商品及性價比作為主打，因此在大宗採購上更符合企業採購需求。量販店的經營需達到一定的連鎖店數後，才更能提升營運的經濟規模，但並非只有拓展店數就能受到消費者認同，以好市多來說，有的店型桃園中壢與北台中門市以及新北新莊門市甚至還附設了加油站。

這個策略不但帶來一筆新的營收挹注，更幫助來客數或客單價提升。另外透過精準選品、節慶商品與大份量生鮮食物及數量型採購型態，都對消費者具一定的吸引力，加上限定會員購物與方便的退貨機制，都造就了傲人的營業額。好市多還具備條件寬鬆的獨特優勢，保證若對品牌服務不滿意均可退貨，除了部分商品須符合指定條件外，多數商品都能獲得全額退款。

對消費者來說，退貨可以用來修復不如預期的交易結果，其寬鬆的退貨政策更能使消費者放心，即便購買當下對商品仍有不確定性，或買了可能跟期待差異太大，但仍有後悔的機會。好市多依靠友善的退貨政策提高消費者的購買意願，衝著消費者甚至在前來退貨時也可能同時再購買其他產品，進而維持了良好的顧客關係，也提升了消費者忠誠度。

節 慶 行 銷 鈔 能 力

以近年來說，超市與量販店的促銷活動規劃，各品牌已進入常態性的邏輯規劃，大多數業者會在前一年年底就擬定年度行銷策略，尤其像是超市與量販店都是連鎖型態，美廉社甚至還開放加盟，總公司必須針對各店的促銷活動，更有系統性地來運作。像是

ＤＭ的商品促銷、店面的貨架擺放與落地陳列方式，在搭配節慶主題的模式下，讓消費者及門市人員都能更熟悉品牌的風格與特色，以及主打的節慶時間。

　　早期超市偏好以「促銷價」來吸引消費者上門，量販店則是訴求「數量折扣」，但在兩者的界線越來越模糊之後，業者就開始進入了主題行銷的階段。例如家樂福利用寄到會員家的ＤＭ來提醒消費者每個檔期的優惠商品，全聯則以《全聯生活誌》提供消費者生活的新創意，同時結合商品促銷訊息。但是當業者想更廣泛的接觸消費者時，運用節慶主題的電視廣告，不但更有吸引力，也能建立品牌形象。

　　像是全聯原本的消費客群鎖定在 35 ～ 55 歲，但為了吸引 20 ～ 35 歲的年輕客層，開始運用中元節結合創意行銷，運用系列廣告的方式與消費者溝通，在結合商品促銷與幽默有趣的話題性下，成功吸引年輕族群感興趣而上門。並且像是在國際熱氣球節或花車大遊行時，還會運用吉祥物「福利熊」來搭配宣傳，搭配播放朗朗上口的主題曲「福利熊，熊福利」，拉近與消費者的親切感及黏著度。

　　相較之下，美聯社的節慶行銷力就相對較弱，也沒有太多的資源投入宣傳，不過在特定的重要節慶時，還是會運用促銷活動來搭上議題。像是葡萄酒季、國際咖啡日及七夕情人節等，以相對保守但精準的促銷方案，仍掌握住不少消費者的購買需求。家樂福與大潤發則是以農曆年節為主要節慶來進行發揮，所以大量的創意品牌禮盒以及過節前的大掃除用品，都成了消費者固定上門的銷售產品。愛買也是搭上了像是萬聖節、中元節以及世界地球日等節慶，讓消費者在方便與比價之餘，不至忽略品牌的存在感。

而美系風格為主的好市多，雖然沒有投入電視廣告宣傳，但是在節慶運用和商品規劃上，更是成功掌握了從萬聖節、感恩節、黑色星期五到耶誕節的年底採購旺季，大量的節慶主題禮盒與食物，以及能增添居家布置與企業過節氛圍的擺飾，更帶動了消費人潮前往。再加上黑色星期五的促銷優惠話題，也讓不少消費者貢獻出自己的荷包，帶動了一波新會員入會潮。

另外，近年來一到新年與農曆年，超市與量販店還會推出福袋，像是 2024 龍年全聯推出福袋、福箱、福鍋 3 種型式，重金頭獎加碼祭出 Tesla Model X、Volvo XC40 Recharge 等共 4 台豪華電動車大獎，家樂福新年「2024 福氣龍來」福袋以內附刮刮卡的方式，吸引消費者有機會抽中價值近 30 萬全台環島、跳島住 1 年，以及羅馬、米蘭雙人行等大獎。

掌握回購率的生鮮產品與會員管理

在零售業的定位中，超市的生鮮品類販售成了吸引社區顧客的關鍵，也取代了不少傳統市場的功能。全聯與大潤發擁有生鮮處理中心與整合供應鏈，能提供旗下門市蔬果、精肉、鮮魚、熟食等類別商品，從進貨驗收、清洗分切、包裝貼標、分貨到店，都能更即時的滿足消費者需求。

也因為生鮮產品的產地處理各有差異，多家超商及量販業者均分別投入包含生鮮處理廠、蔬果廠、乾貨物流中心及加工食品廠等服務，以滿足全國各門市的供應需求。全聯／大潤發與統一／家樂福皆有專屬的倉庫物流中心及運輸團隊，從生鮮商品自生產到配送倉儲，完整顯現出集團併購後資源整合的效益。

在掌控成本、提升效率並且獲利的目標下，未來的市場競爭更在於當生鮮產品貨源供給過剩時，能及時吸收並因應提供消費者便宜的購買機會，然而在商品產能不足而必須漲價時，卻又能自我調節減輕消費者的經濟負擔。這點在好市多身上能看到相對優勢，尤其是肉品的供應像在特定的中秋及農曆年節，都成了追求品質且能接受進口產品價格的消費者支持的選項。

至於美廉社的區域經營優勢則顯示在接地氣的散裝蛋、小包米等地方，即便品項不多，但也不至使消費者產生在家囤貨的問題；愛買則是定期推出超優惠生鮮特價活動，吸引消費者每隔一段時間就會想去看看，也能藉此帶動其他商品的優惠。消費者加入品牌會員的好處不僅只於給予促銷優惠，以現在我們看到的 FB 社團來說，互動性最高而且相對最有向心力的社團，就是由好市多的消費者自發成立，成為產品發生問題時企業第一時間獲得相關訊息的即時情報站，更是品牌觀察消費這好惡回饋，也是媒體持續關注的重要資訊來源之一。

提高現有消費者的忠程度，並持續新增會員，成了超市與量販店業者的長期目標，但不同的是，對超市而言，獲得更多的年輕客群與區域家庭客戶的支持，能使企業更容易持續長期經營。至於量販店則鎖定大宗購買的消費者及企業採購，才能更符合經濟效益。了解並分析現有會員需求並優化制度，同時結合不同的新會員吸引方案，才能在不流失原有顧客的情況下使會員同步增加。

經由會員的大數據分析，收集並了解消費者的購物行為習慣，才能在分眾行為中提供為消費者量身打造的專屬客製化經營優惠。同時應重視數位時代中包含了定期電子刊物、優惠資訊，甚至是廣告宣傳，為吸引消費者有意願接收，甚至產生期待，這時會員對於

品牌的認同感就很重要，不然即便初期下載了 APP，也可能很快就刪掉了。

在提升會員忠誠度的操作上，超市與量販店常以印花集點加價購的方式，並與知名動漫 IP 或是國際品牌餐具、鍋具、廚房用具等合作，以優惠價格換購來帶動家庭式的消費族群回購，也同時吸引到喜歡這些動漫 IP 的粉絲。從短期效益來說，帶動業績是主要目的，更重要的是藉此引發話題，也能獲得新的消費客群與會員。

會員經濟帶來的效益，讓美廉社的消費者在特定的優惠產品上更願意指定購買；全聯更是加入金流 PX Pay 的綁定，使大潤發的會員更快融入集團內；而好市多的聯名卡更是銀行爭取的沃土。最終超市與量販業的會員經營成功與否，更牽動了品牌的長期發展與營運方向，也是業者能否在這場長期戰中獲勝的關鍵。

8.2

百貨公司
與
購物中心

M 型會員需求導向成為關鍵

許多業種業態也在積極的轉型，尋找當代消費者的需求，而百貨公司正式從以往的精品化、時尚化，在不同品牌的定位與經營能力上，走上了 M 型化的會員服務導向。然而面對動輒數十萬甚至百萬的會員，不可能全數的需求都滿足的情況下，有的集團透過品牌及商圈的區隔來與消費者溝通，有的則是嘗試樓層與櫃位的調整；但是也有些百貨則專注經營單一高淨值會員客群，畢竟當消費者的口袋越深，百貨公司的利潤也能跟著提高。

根據購物中心情報站整理，業績資料來源主要來自媒體報導、專櫃廠商及百貨同業分享，2023 年營業額超過 100 億的商場百貨，包含新光三越台中中港店（第一名、258 億）、台中大遠百（第二名、214 億）、台北 101（第三名、220 億）、遠東 SOGO 復興店（第四名、198 億）；之後依序是新光三越台南西門店、漢神巨蛋購物廣場、巨城購物中心（含遠東 SOGO）、漢神百貨、華泰 Outlet、夢時代（含時代百貨）、板橋大遠百、遠東 SOGO 忠孝店、南紡購物中心和新光三越信義 A4 館。

以台北市來説，百貨公司所形成的主要聚落，從東區的大範圍包含了新光三越台北忠孝店（Diamond Towers 鑽石塔）、遠東 SOGO 台北復興館、忠孝館、敦化館，經過敦化南路後的統領百貨、明曜百貨、台北大巨蛋 BOT 園區遠東 SOGO CITY、誠品生活松菸店，以及稍微遠離主戰場的微風廣場、微風南京。另外信義商圈的百貨公司則有台北 101 購物中心、微風松高、微風信義、微風南山、新光三越信義新天地（A11、A8、A9、A4）、信義威秀影城、ATT 4 FUN、統一時代百貨、BELLAVITA 寶麗廣場、誠

品信義旗艦店（到 2023 年底）、A19 等。

　　行政院主計總處修正行業統計分類的定義，指出「百貨公司」為從事在同一場所分部門零售服飾品、化妝品、家用器具及用品等多種商品，且分部門辦理結帳作業之行業。公平交易委員會則認為，賣場面積達三千平方公尺以上，由許多專櫃、自營櫃共同組成，銷售多種類商品，且以分部門方式銷售並辦理結帳作業，由一機構負責經營管理之事業為百貨公司。

　　也因此百貨公司過去非常重視進駐的櫃位自身的品牌營收能力，與自帶流量的銷售競爭條件。然而隨著消費型態改變，百貨公司不只提供消費者所需的商品及服務，同時也是購物休閒娛樂及的場所，消費者期望能以一站購足的服務趨勢滿足差異化客群的選擇，這也是影響現在百貨 M 型化的原因之一。

　　當消費者對百貨公司本身的集團品牌，具有高度的認同感時，即便百貨公司中的進駐品牌，有些並不熟悉，但在整體促銷活動像是週年慶、耶誕節時，只要該品牌有適合消費者購買的商品或願意嘗鮮的餐飲，都可能吸引消費者願意嘗試消費。而這樣的族群多半會在一個百貨公司從頭逛到底，最終挑選喜歡的幾家完成當日的消費需求，同時達到娛樂休閒的目的。

頂級消費者的需求

　　但是當消費者為高淨值資產客群時，特定品牌專櫃的誘因才是重點。包括頂級珠寶服飾品牌、手錶精品包款品牌，以及精緻且不容易訂位的星級餐廳品牌，這時百貨公司即便是集團式經營，也只有部分城市商圈，才能吸引這些品牌進駐。同時，即便百貨擁有了

　　這些精品品牌的進駐，同樣的競爭百貨公司也有的時候，更為獨特專屬會員的服務與活動，就成了守住這群貴客的武器。

　　以頂級珠寶品牌來說，消費的門檻比一般服飾品牌高出許多，所以平日並不會有太多人擠在門市，但當有貴客上門時可能就需要門市人員展現出絕佳的專業服務，才能使消費者滿意地完成交易。當高淨值消費群想在外面吃頓美味時，基本上不可能去人擠人的百貨公司美食街，即便是其他樓層的餐廳，也不盡然能吸引其踏入，但此時若是有米其林摘星或國外獲獎的高級餐廳進駐，就可能有機會提升這個族群消費者在百貨公司消費與停留的時間。

　　以往我們會覺得百貨公司適合在特殊紀念日或購買較昂貴的品牌時才會上門，但是當品牌經 M 型化發展後，同一個百貨公司集團也能運用不同的商圈及進駐的專櫃餐廳來留住會員腳步。若能加上附加消費門檻的專屬事件行銷，以及品牌 APP 的點數延伸應用，這時口袋不深的消費者也能感受到百貨公司變得容易親近，就像中山站附近的新光三越與誠品，成功吸引了許多的年輕族群，並與鄰近的赤峰街商圈形成了共生型態消費模式，也是種不錯的發展趨勢。

　　因此像這樣分眾的經營差異化，更可能導致目標消費群以外的消費者缺乏上門意願，畢竟當一間百貨裡都是自己買不起的品牌、吃不起的餐廳時，上門的意願就會降低；但若能同時發現該百貨集團還有其他商圈門市，有自己能負擔的品牌時，至少還有繼續前往消費的機會，這也能化解因此流失會員的問題與風險。也有業者直接選定單一族群下手，像是選擇有機平價的化妝品品牌進駐，服飾品牌則選大眾化的快時尚，餐飲更是以常見的連鎖品牌作為主打，並運用百貨的談判能力帶領一些獨具特色的新進微型品牌一起發

展，也能掌握目標消費群的荷包。

常民生活的新去處

　　過去，對一般大眾來說，若沒有特定需求，前往百貨公司的機率不大，其中兩個主要的原因，第一個是多數百貨公司的進駐品牌，與自己的生活文化差異較大，容易產生疏離感；第二個則是趣味性不足，逛過幾次就覺得產品類型與品牌吸引不了自己，無意再次前往。但近年百貨集團也開始進行分眾訴求，儘管是同一個品牌，在同一個城市內也可能分別出現針對高消費客群規劃的百貨分館與常民訴求的有趣百貨。

　　不難發現，針對常民為消費主軸的百貨公司在商業空間設計上，已不再那麼強調單一樓層的功能性，而是更著重於考慮消費者需求和喜好，所以少女服飾與下午茶可能就在隔壁；較大的展示空間則可策展擺放藝術品。但即便如此仍要注意，如何改變過去常民消費者「走過、路過，就只是經過」的逛街習慣，設計動線指引結合節慶活動，達到吸引消費者購物的目的、增進百貨公司進駐品牌的業績還是重點。

　　餐飲品牌進駐百貨公司的比例提升，確實成功吸引了常民消費者的注意，但以往進駐百貨公司的餐飲品牌，並不一定重視空調排氣的交互影響，因此當餐廳業績一好，常使人覺得鄰近區域都有異味，這也是早期百貨公司將餐飲品牌集中樓層管理的主因。然而當新型態的百貨櫃位需求與以往不同時，相關的動線與設計更需要妥善規畫配套措施。

　　像是誠品松菸著重於文化時尚品牌選擇、誠品裕隆城進駐比例

越來越高的餐飲品牌，同時提升整體商品優惠與在地商品市集，都成功拉近了與常民的距離。微風集團也計畫跨出台北市、前進基隆，以 ROT（Rehabilitate-Operate-Transfer，改建、營運、移轉）方式打造全新商場「微風東岸」，從進駐櫃位與餐飲品牌類型來看，也有別於其他分館，更靠向常民百貨的型態經營。

　　至於遠東百貨則在特定區域，以主題方式進行商品策展。例如增加日、韓平價品牌選品，並針對餐飲區域規劃，板橋大遠百與台中大遠百均引進帶有高度復古懷舊風格的新加坡品牌大食代，使消費者感受到創新與娛樂性。而店數較少的大葉高島屋百貨、統領百貨更是將平價餐廳與咖啡、手搖飲品牌的進駐比例持續拉高，使常民消費者逛百貨公司有如逛夜市般親切，不但更舒適還有冷氣吹。

　　以往不少常民的消費方式習慣前往本身就以平價品牌為主的購物商場，或前往不少進駐量販店餐飲區域的品牌用餐，因此當百貨公司開始「降維打擊」，瓜分原有的消費市場，吸引消費者到更有質感、品味的百貨公司也能容易消費時，百貨品牌究竟該如何顧及自身的形象與長期發展，終究得優先回歸到消費者本身的需求；讓那些願意多花一點錢讓自己過得更好的消費客群得到滿足，他們才肯繼續上門，這樣才能真正發揮百貨公司的吸客效應。

百貨業內捲期來臨

　　國內的百貨業出現了明顯的洗牌重整，除了在有限的消費市場激烈競爭，包含購物中心、outlet 等型態的大型零售業者也在爭奪百貨業的市場。另一方面，原有的領導品牌新光三越、遠東百貨和遠東 SOGO 等，也持續在擴張增設新店。就商圈競爭的角度看來，

· Appendix ·

案 例 分 享

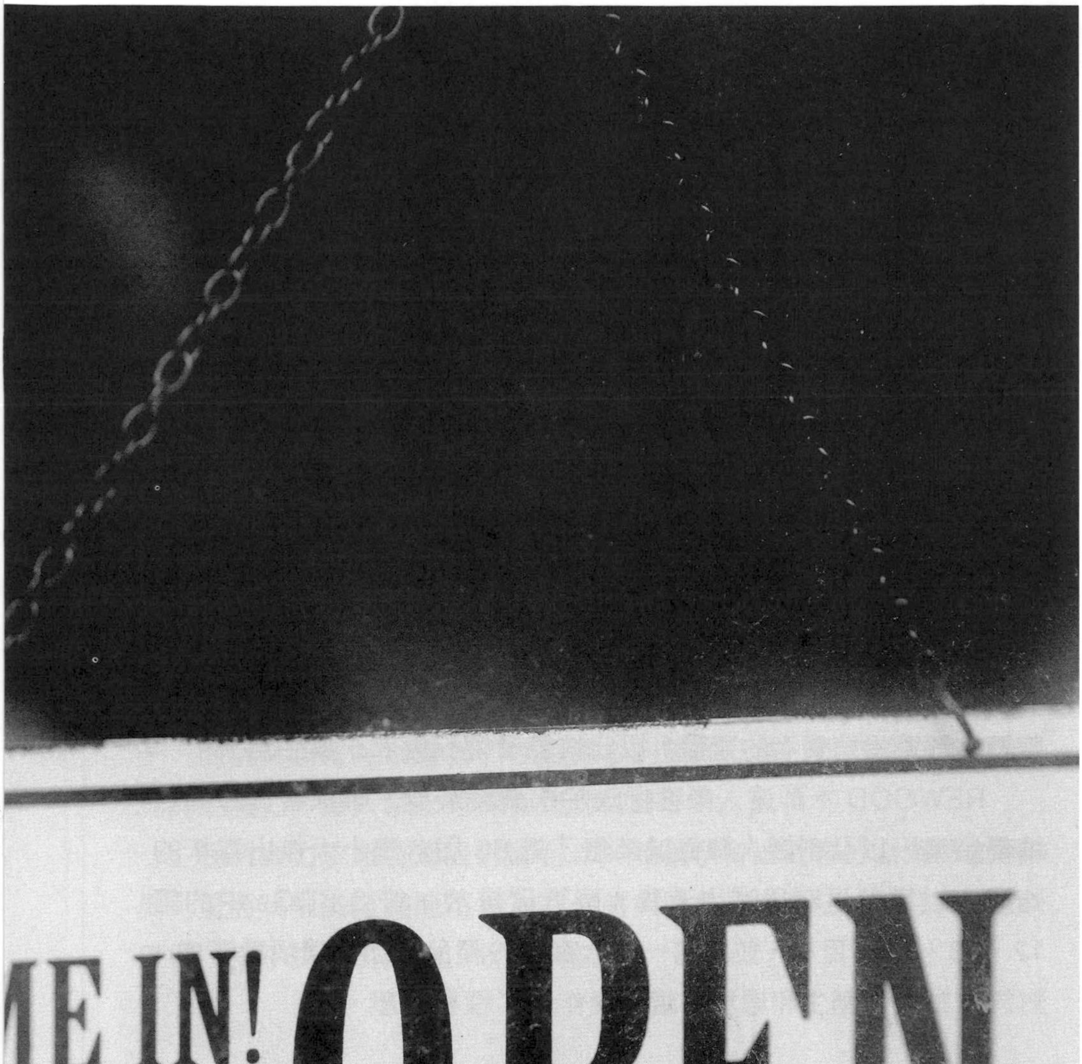
ME IN!
E'RE OPEN

多元 IP，探索新世界

　　每一款 IP 都是用心製作，積極與藝術家、插畫師、原型師創新合作，突破設計框架同時支持台灣原創力，將「創意」發展出更多可能性。

精雕細琢，打造高品質

　　對於每一款產品細節，充滿了用心與愛，透過觸動人心的設計以及文化符號，持續為大家帶來更多的驚喜與歡樂。

【品牌標語】

　　夥伴玩具，你的玩具夥伴。

日初而皂
CASE03

• • •

「真實的手工皂，呵護肌膚健康。」

在每一個新的日出之際，一個嶄新的開始正在迎接我們。這個開始充滿了對真實和自然的渴望，就如同我們的手工皂，誕生於這片純粹的土地上。「日初而皂」，以中文的獨特表達，將「日初」象徵每天的重新開始，融合「而皂」，專注於手工皂的製作。每一個「皂」字，都是我們用心和熱情的靈魂，承載著對肌膚的呵護。

日初而皂手工皂傳達了製皂過程中的真實、自然和真正的成分。我們堅守嚴選高品質植物油和原料，為肌膚提供最真實的呵護。「日初而皂」也象徵著每一天的開始，都可以從使用手工皂開始，為自己注入活力。日初而皂不僅是一種產品，更是一種生活態度。我們希望透過我們的產品和品牌故事，鼓勵人們選擇健康、自然、純淨的生活方式，並重新與大自然建立聯繫。

「The purpose of life is to enjoy every moment.」我們深信「生活的目的是享受每一刻。」這正是我們製作每片手工皂的初心，將清新的感受、真實的呵護注入每一刻的生活中。用日初而皂，讓每一天都成為值得珍惜的美好時光。

 黃巢設計工務店
CASE06

・・・

「專業、用心打造每一個建築與空間。」

　　由黃建華、黃建偉、戴小芹主導的設計團隊提供一條龍式服務，整合建築設計、營造工程、室內設計專業。我們擅長創造空間機能融合實用美學，注重建材安全健康，細心量身訂製每個安頓身心的重要場域。

　　住宅是依賴著人而存在的，建築與空間則是依據人的需求設定。好的建築能真正感動人心，觸動情感，帶來愉悅的心情。建築不只有一種表情，深入探討符合使用者需求的設計，以使用者為優先。

　　設計作品遍及全台及海外，屢獲大獎肯定。多年來完成各種類型案件，包括自地自建、室內設計、商業空間、建築設計、民宿飯店及歷史建築整建等。擁有豐富的建築與空間設計經驗，以創新和改變為核心，致力於打造更富有生命色彩的屋宅。提供全方位的服務，嚴格管控施工品質，嚴選建材安全健康，從上到下的整合模式，以嚴謹的態度面對每一個委託，以打造每一件作品如同淬煉藝術品。

　　強調好宅，用心規劃每一個建築與空間，與環境共生；我們不輕易妥協，用心淬煉每一個作品；思考如何把建築本質做至臻善臻美，不粗製濫造，相信合適的場域規劃能凝聚人的情感，連結生活的平衡。少數能從空地規劃到建築與室內設計一併完工的團隊，透過垂直整合發揮最大效益，真正節省客戶的時間與金錢。

ahua 阿華有事嗎？

CASE07

　　我們是深耕流行襪市場 8 年之久的襪子品牌「ahua 阿華有事嗎？」，擁有官網 15 萬會員以及專屬 APP、蝦皮商城 53 萬粉絲，並是唯一超過百萬 5 星好評的台灣流行襪領導品牌。

　　我們的品牌理念為「襪子不只是襪子，更是一種生活態度」，主打流行襪款及服飾配件商品，並於 2022 年創立自有設計襪品牌 HUAER Design，在大學生與時尚年輕族群皆具有高知名度！

　　2023 年開始以 HUAER Design 品牌延伸出「繪襪家 EXPO 企劃」以及「異業聯名合作企劃」，陸續與多位網路插畫家以及知名品牌合作推出聯名襪款，廣受市場好評。

　　製襪雖為傳統產業，但透過融入創新的商業模式與設計能量，期許未來能讓年輕人再度愛上這個產業。

　　我們不只販售襪子，更希望讓襪子成為承載回憶與發揮創意的最佳媒介！

NOTES

NOTES

【渠成文化】Brand Art 008

獲利新時代

打造引領潮流的產業創新思路

作　　　者	王福閩
圖 書 策 劃	匠心文創
發 行 人	陳錦德
出 版 總 監	柯延婷
執 行 編 輯	蔡青容
封 面 協 力	L.MIU Design
內 頁 編 排	邱惠儀
攝影／服裝	封面與內頁的攝影、服裝，由「西服先生」贊助。
E - m a i l	cxwc0801@gmail.com
網　　　址	https://www.facebook.com/CXWC0801
總 代 理	旭昇圖書有限公司
地　　　址	新北市中和區中山路二段 352 號 2 樓
電　　　話	02-2245-1480（代表號）
印　　　製	上鎰數位科技印刷
定　　　價	新台幣 420 元
初 版 一 刷	2024 年 5 月

ISBN 978-626-98393-3-9